『庭をつくろう！』（ゲルダ・ミューラー作／ふしみみさを訳／あすなろ書房刊）より

『庭をつくろう！』（ゲルダ・ミューラー作／ふしみみさを訳／あすなろ書房刊）より

農福連携宣言

農福連携は、単なる六次産業化でも
農商工連携でもありません。また単に「業」を繋げるのではなく
人々の想いと信頼の力を引き出すことができる「福」を通して、
分断されてきたものを今日的に繋げ、
地域の生活と経済をつくり、支えていくのです。

すべての「いのち」の役割をもう一度、再発見し、引き出し、
社会や自然のために役立てていくのです。

その第一歩が、障がい者が農業で働くという農福連携です。
障がい者が働くという役割を果たし
農業は働く場を提供するという役割を果たします。
その結果、障がい者は新たな働く機会を見出し
より高い賃金を実現します。農業生産者は新たな担い手を確保でき、
さらには福祉サービスを提供することにより
新たな収入の機会を得ることも可能となります。

農福連携の先には、農福商工連携や農林水福連携など
さまざまな連携があります。地域によって、連携の内容
そして参画する主体は異なります。実はそれが多様な地域をつくり
支えることになります。

私たちが目指すのは、
多様な主体が役割を果たすことで、多様な地域をつくり
一人一人の個性ある笑顔が溢れる世の中です。

託児所が仕事場にあるので、シングルマザーも子供と一緒にお弁当を食べることができる。

お弁当の中身は、昨日、自宅近くの夕市で買った地元の野菜とその日に水揚げされたばかりの魚、棚田で育ったお米だ。

農業／いのちの力

野菜や米は「無肥料自然栽培」で育つ。農薬や化学肥料は一切使われない。共に育つ雑草たちは、大地の乾燥から作物を守り、土壌の虫・バクテリアたちはその糞で土をつくる。草むらの虫たちは花粉を運び、土となる糞をし、他の虫を食べる。その営みのすべてが畑に栄養を与え、野菜たちを守り育ててくれている。

ここでは未熟堆肥も使わないので、あの堆肥独特の匂いはなく、野菜本来の自然な力強い香りと味がする。この力強い野菜には虫があまりつかない。それは、野菜が自分を守るために一生懸命に皮の部分を強くしているからだ。このマチの人々は、皮も葉も食べるからすこぶる健康だ。

多様ないのちが共に学び、共に生きる《里マチ》＝「農生都市」

無肥料自然栽培のリンゴの実は台風でもほとんど落ちることはない。母なる木が子孫である子供たちを自らの力で守っている。

山に放された牛は、自然分娩で子供を産む。そしてゆっくり草をはみながら、反芻し、胃の中のバクテリアたちが盛んに草をタンパク質に変えている。穀物飼料や抗生物質に頼ることはない。だから生乳は、力強さとコク、そして草の香りを感じさせる。

年をとった牛はトサツされ、綺麗な赤肉となって販売される。赤肉からも草の香りがし、叩くと弾力のある肉質で味わい深い。牛もまた、皮、骨、すべてが捨てられることなく利用される。

里山／山林

山の仕事は、伐採、製材、植栽、下草を刈る、薪をつくる、和紙をつくる、草木染をする、木工品をつくる……。作業を行っているのは、社会復帰訓練を受ける生活困窮者、就労訓練をする障がい者、そして山が好きな若者である。

小・中学生は、週に一度、農林水産業を学んだり自然の中で授業を受ける。高校生は、週に四度は大人たちの中で勉強し、現場体験をする。

高層ビルのオフィスに勤めるサラリーマンの男性は、ランチタイムには外に出て、ビル隣りの鎮守の杜の中のベンチで、顔見知りの高齢者とお弁当食べながら、悩みを聞いてもらったりすることも。

公園

遊具やベンチは廃材（木材や鉄骨、タイルなど）を利用してつくられている。公園のトイレや噴水の水は、雨水を利用し、トイレの排泄物は、コンポスト化され、地域の畑に引き取られていく。

「総合集会所」、スポーツ、芸術

一階では、障がいのある子も一緒に、このマチで生まれ育った高齢女性から伝統菓子のつくり方を教わっている。女性は先生として敬われ、お小遣いを稼ぐことができる。

二階では子供たちが芸術家を志す若者や本物の芸術家から音楽や美術を学ぶ。本格的に習う子供だけでなく、楽しみでやりたい子供も教えてもらうことができ

る。小中学校の自由授業の一環として通う子供もいる。三階は、平日午前中は高齢者たちが健康づくりのための運動や芸術活動を、週末には会社員がここで学ぶ。運動場では、引退したプロのサッカー選手が、本格的なプレーを教えてくれる。

午後になると自由授業の一環でサッカーをやりたい子供がやって来る。国の代表選手になった者もいれば、趣味として地域でサッカーを続けている大人もいる。プロ現役時代に活躍できなかった選手でもここで収入を得ることができる。

学校

中学校は一五歳までが義務教育で、高校進学は任意であるが、教育費は完全無償である。

大学は、多くが働いてから自分の稼いだお金で行く。

何気ない気づかい

障がいのある子もない子も一緒に学校へ行く。障がい児の体調がすぐれないときは皆で気に掛け合う。公園でサッカーをするときでも、障がい児が一人で砂場で遊んでいるときは、子供たちは、たまにその様子を見てはサッカーを続ける。

サラリーマン男性は夕方、自宅近くの介護保険事業所内に併設された保育園に子供を迎えに行く。一日おきに共働きの妻と交代で行くことに決めている。子供が六歳になるまで早帰りや子育て休暇の取得が認められている。

独身OLは家に帰る前、総合集会所に立ち寄り、週に一回合気道を学ぶ。金、土曜の夜は、地元商店街の個人店の居酒屋に行き、夜中まで飲み明かすこともある。店の客は多くが常連で、気心がしれている。

飲食店

レストランや居酒屋は、車いすでも気軽に入れるよう入口、トイレ、テーブル同士の間隔は広くなっている。午後七時を過ぎても、ベビーカーで赤ちゃんを連れた若夫婦、犬を連れた高齢者、友達同士の男性客、知的障がい者だけの友達集団、カウンターで一人酒を飲む女性などが思いのままに時を過ごす。

カフェでは、接客の好きな知的障がい者が、高齢者

からコーヒーの注文を受けている。高齢者は介護保険事業所を利用した帰り、送迎車を降りて、常連客と週に一度の会話を楽しみに来たのだ。

障がい者=健常者

早朝五時頃、うどん屋の店長が支度を始めている。うどんはその日の気温、湿度によって、食感と味が変わる。だから店長は、水や塩分やこね方を毎日工夫する。仕事の順番や仕方に妥協やぶれは許さない。店長のうどんは日本一といわれ、全国から客がやって来る。この店長、昔気質の職人なのだが、実は今でいうアスペルガー症候群の発達障がい者である。だからルーティンを好み、それから外れることは気に入らない。そして人に教えることが苦手である。「俺の背中を見て覚えろ」というタイプである。

店には店長が一目置く店員がいる。同じことを繰り返すことが大好きな知的障がい者だが、店の掃除や配置を元に戻すことに関しては一切の妥協を許さない。仕事を覚えるには時間がかかったが、開店前は必ず同じ場所に同じものが配置され、一センチの狂いもない。いつも笑顔で、誰からも愛される性格だ。

生きがいと役割

毎朝、高齢者があちこちで道を掃いている。掃除をしながら、通学する子供たちに「おはよう」と声を掛け見送りする。

実は子供たちの親は知らないが、子供たちとおじいさんは仲良しだ。公園でサッカーをする時のボールを預かってもらったり、親に怒られたとき、内緒で家に遊びに行って、親に対する文句を聞いてもらうのだ。午後には公園で子供たちが遊ぶ様子を見守ってくれる。

新しいコーポラティブハウス

障がい者同士の夫婦、高齢者夫婦、シングルマザー、三世代同居の大家族、若い独身男性、大学生、高齢の独居女性など、実にさまざまな世帯が住む集合住宅。週末にはいつの間にか人が集まり、自分たちで栽培した野菜や料理したものを持ち寄ったり、バーベキューをして一緒に食事をする。

高齢独居女性は毎朝六時になると外で体操をするのだが、それを仕事に行く前に独身男性が窓越しに歯を磨きながらちらっと見る。体操をしていないと家を訪ね、ご機嫌をうかがいながら体調を確認したりする。高齢独居女性は、煮物が大好きだがいつも作り過ぎて

しまうので、独身男性におすそ分けをしている。

新型の「コミュニティモール」

「文化・福祉・教育・就労型モール」ともいう。認知症の高齢者とその高齢者を介護する障がい者、保育園の子供が、一緒に食事をし、自由時間には、高齢者とお話しにくる園児もいる。

両親の帰宅を待つ学校帰りの小学生たちが高校生に勉強を教わったり、本や漫画を読んでいる。たまに高齢者に声を掛ける子供もいるし、反対に高齢者が子供に声を掛けることもある。

またここには、地域の高校に地方から入学してきた高校生が住むアパートもある。

介護保険事業所の利用者や保育園の子供たちが帰る頃になると、調理場からは小遣いを稼ぎに来る元気な高齢女性が調理する夕飯の匂いがしてくる。帰宅した高校生たちは、リビングに集まり、テレビを見ながらみんなで一緒に夕飯を食べるのだ。

畑や水田では、子供や高齢者も農作業をし、そこで生産した農産物をレストランの食材にしたり、加工して販売したりしている。

挿絵　きよはら えみこ

「里マチ」

この町では、人々は自然を求め、自分らしさや自分の役割を大切にする。そして質素な暮らしではあるが家族や友人、地域の仲間と楽しく過ごす。成長を求めるのではなく、多様な価値観を認め、足元を掘り下げ、成熟するという生き方である。

人口の減少で空き家となったマンションや戸建ては更地になり農地や森林になった。かつて三面をコンクリートで固められた河川や、コンクリートやテトラポッドで囲まれていた海岸も、植物が育ち魚が住めるよう、自然の川や海に近いものに戻した。

このマチには、ビルも畑も隣り合わせにある。山、川、海、空、マチが繋がり人間がつくったものと、自然が一体となり、より多様な住環境が生み出されるようになった。人間が自然と共生することで多様ないのちが共生できるようになったのである。

ここには太陽、月、空気、水、山、岩、石、動物、鳥、昆虫、魚、植物、人間、そしてすべてのいのちがいる。

農福連携の
「里マチ」づくり

濱田健司

鹿島出版会

第４章（77―122頁）は、季刊誌『コトノネ』（株式会社はたらくよろこびデザイン室発行）編集部が取材執筆（撮影を含む）し同誌に掲載された記事を転載したものです。同誌のご厚意に深く感謝申し上げます。

はじめに
地域創生・再生を導く新たな連携のカタチ

1　これまでの農とこれからの農

これまでの農といえば農業を連想したかも知れない。それは人間が自然をコントロールし、人間が食べたいとき、いつでも、どこでも食べることができる、そして単なる商品としての農産物を生産し、供給するものである。モノを供給する産業といえる。

しかし、農には本来さまざまな機能がある。環境保全であったり、教育であったり、文化形成であったり、保養、レクリエーション、水源涵養などである。現在、これらの機能について、しっかりとした価値づけがなされているとはいえない。

近年になって、環境保全にかかわる取り組みを行うと国から助成金や交付金が支給されるという制度がEUを中心に広まってきた。我が国でもそれに近い制度が二〇〇七年に施行された。「農地・水保全管理支払交付金」といい、国が地域の共同作業による農地・農業用水・農村環境の保全活動に対して交付金を支払うというものである。この交付金は農作業そのものというより水路や畦畔や農道などの農地周辺の環境保全活動のために支払われるものになっている。農の有する多面的機能の一つである、環境保全機能を維持・管理する行為に対して、国の施策として保障することを位置づけたものといえる。

また農業生産者が中心になり、レクリエーション的な機能を提供することによって対価を得る仕組みとして「体験農園」というものが創られ、徐々に広まりつつある。これは行政などから市民が一定区画の農地を借りて自由に農作物を生産する市民農園とは異なるものである。体験農園では、農地を所有する農業生産者が市民らに対して、生産のために必要な資材を用意・提供し、また農業指導を行う。作業をするのは市民らで、収穫物を市民らが持ち帰ることができるというものだ。これはレクリエーション機能＋教育機能＋生産物＋資材に対して対価を支払うというものである。

つまりモノに対して対価を支払うだけではなく、農の提供するサービス供給機能に対して支払うというものである。

これからの農には、こうしたさまざまなサービスにかかわる機能に注目し付加価値化を図ることで新たな農業をつくりだし、それが農業そして農村を再生していくことが期待される。

2 新たな連携のカタチ

人間は貨幣を中心とした経済システムのなかで効率化・分業化をすすめ、物質的な豊かさを実現してきた。その一方で地域、家族、会社、学校などのコミュニティは分断されてきた。また消費と生産も分断、生活と経済も分断、自然と人間も分断されてきた。その結果、家族や地域、そして人間そのもの、自然が危機的な状況になっている。

こうしたなかで経済分野そして生活分野において、六次産業化や「共助」などによる再統合や結合の取り組みが進められている。しかし「業」の関係はカネの関係がつくれなければ実現せず、「共助」によるボランティアの関係や運動だけでは事業や活動の継続が難しい側面がある。そのため地域においてさまざまな取り組みが行われているが、実際にはその継続や拡充は難しいといえる。

しかし、この分断されてきたものを今日的に「福（福祉）」を中心に、地域において新たな価値を生み出す可能性のある「農」（農生業）と連携させていくことで、地域を再生する可能性が見えてきている。この取り組みは単に農業と福祉のそれぞれの課題解決に繋がるだけでなく、地域課題の解決、ひいては地域を創生する可能性を持っている。すなわち農福連携が新たなマチづくりのキーワードとなりつつある。

3　農福連携のきっかけと動き

私が農福連携の研究をはじめたきっかけは、今から九年ほど前、ある社会福祉法人の障がい者の賃金を上げて欲しいという相談があったことに始まる。いくつもの障がい者福祉事業所へ調査に入ったところ、事業所は企業の下請け作業ばかりを行い、月額賃金（工賃）は平均一・二万円ということであり、とても強い衝撃を受けた。そして賃金の高い一部の事業所を除くと、多くの事業所では三、〇〇〇―七、〇〇〇円と聞き、これは何とかしないといけないという想いが湧きあがった。一方で、農業サイドの状況を考えると、担い手が不足していた。そこでより高い賃金を実現し働く機会をつくろう、それを農業分野で取り組んではどうかと考えるようになった。これが、私が農福連携について考えたきっかけである。

研究をはじめた当初は、農業関係者からも福祉関係者からも行政関係者からも、そして研究者からも「障がい者は農業の担い手にはならない」「障がい者には農業はできない」「農業は障がい者の受け皿ではない」など、大変厳しい言葉をいただいた。そして実際の取り組みもまだまだ小さく、目立たないものが多かった。だが農福連携は、この二、三年で大きく動き出している。

二〇一二年九月、東京ビッグサイトで開かれていた「国際福祉機器展」へ、私は介護用品・機器の視察に出かけた。それは高齢者の介護について学ぶためであった。会場を回っていると、東日本大震災の復興支援ブースが目に飛び込んできた。

私は個人的に東日本大震災直後から被災地の障がい者福祉事業所の支援をいろいろしていたので、気になって行ってみると、「濱田さん」とブースのあるスタッフから声がかかった。それは障がい者の就労支援をする全国団体の特定非営利活動法人（NPO法人）日本セルプセンターに勤める知り合いで、被災地の事業所がつくった商品をセンターが販売する仕事をしていた。そして知人の隣にいたHさん（当時在籍）を紹介していただくことになった。

一週間後、私はセンター本部を訪問し、Hさんに「農福連携」について説明をすることとなった。だが最初の反応は「農業だって厳しいのに、それを障がい者がやったところで就労には結びつかない」という感じであった。しかし、どんどん話していくと「なんか、これオモシロイかもしれませんね」というようになっていった。

そしてとうとう、「今度、厚生労働省の方を紹介しますので意見交換会をしませんか」と提案を受けることになり、日程を調整してもらうことになった。

しばらくしてHさんから電話があり、「農林水産省の方も一緒に話を聞きたいという連絡が厚生労働省にあったそうです」という話であった。厚生労働省との意見交換会ではなく、私の「農福連携」についての情報提供の機会が設けられることとなった。

そして当日、農林水産省から課長補佐が五名程度、それ以外の方を含めると農林水産省だけで一〇名近くが参加することとなった。

話が終わると名刺交換をし、ある担当者から「農林水産省でも実は次年度に交付金を検討しています」という説明を受けた。それから、農林水産省の担当者とのやり取りがスタートすることになった。

そのなかで、私は「農林水産省が具体的に農福連携をすすめるには、お金を助成するだけでは、〝点〟や〝面〟の動きにはならないので、障がい者福祉事業所との連携が必要になります」「それには全国に会員を持つ福祉団体と一緒にすすめてはどうでしょうか」という提言を行った。

また、厚生労働省の担当者と意見交換をする機会も増えるにしたがい、厚生労働省の障がい者就労にかかる施策の文言に、農家や農業という文字が加わるようになっていった。

さらに私は一三年、一四年と二年連続で、NPO法人日本セルプセンターの主催する年に一度の大規模な研究大会で、農福連携の基調講演や取り組み報告をすることとなった。

また、日本農業新聞の一四年の元旦号特集の一つとして、そして福祉新聞の年初の特集の一つにも農福連携が掲載された。そして私は七月―一二月までの毎週土曜、日本農業新聞に「農福連携　高まる期待」というコラムを計二六回連載した。

その後も、『コトノネ』という、障がい者をお洒落にかっこよく描く雑誌でも農福連携の特集が組まれるようになり（4章に同誌より事例を転載）、また他の福祉系の雑誌や農業系の雑誌でもいくつも特集が組まれるようになった。

そして一四年度だけで、四七都道府県中七つの県から農福連携についての講演依頼があった。これまで年間一、二県であったことからすれば驚くべき数であった。だがそのとき、実は講演依頼を受けると同時に、各県の担当者へこちらからも依頼を行った。「できれば講演のあと、県の農政担当者と福祉担当者、それから県の中心的な農業団体と福祉団体を交えた意見交換会を開催して欲しい」と。また、意見交換には農林水産省の担当者にもなるべく同行してもらい、本省も本気であることを示すこととした。

こうしていろいろな方々の協力を得ながら、農福連携は広まっていった。そして、一五年度もまた新たな動きを見せている。

一五年六月三〇日に閣議決定された「経済財政運営と改革の基本方針二〇一五について」、いわゆる骨太の方針の「2．女性活躍、教育再生をはじめとする多様な人材力の発揮」の文中に「生涯現役社会の実現に向けた高齢者の就労等の支援、障害者等の活躍に向けた農業分野も含めた就労・定着支援、文化芸術活動の振興などその社会参加の支援等に取り組む。」という文言が記述されるまでになっている。

こうした状況のなかで、農業関係者、福祉関係者だけでなく広く一般の方々にも、農福連携、そして農福連携によるマチづくりを知ってもらうための初めての書籍として本書が出版されることとなった。

4　本書の役割

本書は、子供・成人・高齢者・障がい者・生活困窮者などのすべての人間の「いのち」、そして砂・石・川・湖・海・空気・雨・花・木・魚・虫・鳥・動物・人間などのすべての自然の「いのち」が共に学び、共に成長し、共に役割を果たすことができる新たな連携とマチづくりについての案内になっている。したがって、マニュアルでもなく、フィクションでもない。お読みになった方々が、感じ、考え、実践するかしないかを決める、その道先案内本としていただきたい。

本書では、今まであまり身近なところで接することがなかった発想・活動・事業・人々について紹介していく。それはこれからの私たちの生き方、社会のあり方を変えるヒントになるであろう。

本書は資本主義社会のなかで非効率な存在と位置づけられてきた農業、そして「障がい者」に関する福祉に焦点を当て、そこから新しい社会のあり方を探っていく。そのなかから本来の人間同士の関係のあり方、自然と人間との関係のあり方について提示していくものである。

農福連携、さらには農福商工連携によって多様な人間と多様な自然（すべての「いのち」）が繋がり、生きる、「里マチ」の創生と地域の再生を目指す共感者を増やすことが本書の役割である。

1　これまでの福祉・農業・地域

1　四人に一人は「障がい者」を家族に持つ

日本にはたくさんの心身に障がいを持つ人がいる。一般的に障がい者というのは認定を受け手帳（「身体障害者手帳」「療育手帳」「精神障害者保健福祉手帳」）を持った人をいう。障がい種別では、身体障がい者・知的障がい者・精神障がい者に分かれている。このなかには障がいを重複して持つ人もいる。手帳を持つ障がい者は身体障がい者が三九四万人（二〇一一年）、知的障がい者が七四万人（一一年）、精神障がい者が三二〇万人（一一年）で合計すると七八八万人になっている。[*1]我が国の総人口は一四年一二月で一億二、七〇七万人であるから、障がい者の割合は六・二％となる。つまり、約二〇人に一人は障がい者ということである。

しかし、実は六五歳以上の高齢者で介護保険の要介護認定を受けている人（＝要介護認定者）も「障がい者」といえる。前述の障がい者は原則六四歳以下であり、年齢で制度が区切られ、財源も受給サービスも異なっている。この要介護認定者は一四年には六〇二万人[*2]に達し、総人口の四・七％（一四年一二月一日総人口一億二、七〇七万人の確定値に対して）を占めている。このほかに難病などの特定疾

（単位：万人）

		総数	在宅者数	施設入所者数
身体障害児・者	18歳未満	7.8	7.3	0.5
	男性	-	4.2	-
	女性	-	3.1	-
	18歳以上	383.4	376.6	6.8
	男性	-	189.8	-
	女性	-	185.9	-
	不詳	-	0.9	-
	年齢不詳	2.5	2.5	-
	男性	-	0.7	-
	女性	-	0.9	-
	不詳	-	0.9	-
	総計	**393.7**	**386.4**	**7.3**
	男性	-	194.7	-
	女性	-	189.9	-
	不詳	-	1.8	-
知的障害児・者	18歳未満	15.9	15.2	0.7
	男性	-	10.2	-
	女性	-	5.0	-
	18歳以上	57.8	46.6	11.2
	男性	-	25.1	-
	女性	-	21.4	-
	不詳	-	0.1	-
	年齢不詳	0.4	0.4	-
	男性	-	0.2	-
	女性	-	0.2	-
	不詳	-	0.1	-
	総計	**74.1**	**62.2**	**11.9**
	男性	-	35.5	-
	女性	-	26.6	-
	不詳	-	0.1	-
精神障害者	18歳未満	17.9	17.6	0.3
	男性	10.8	10.7	0.1
	女性	7.0	6.8	0.2
	18歳以上	301.1	269.2	31.9
	男性	123.7	108.9	14.8
	女性	177.5	160.4	17.1
	年齢不詳	1.1	1.0	0.1
	男性	0.5	0.5	0.0
	女性	0.6	0.6	0.1
	総計	**320.1**	**287.8**	**32.3**
	男性	135.0	120.0	15.0
	女性	185.1	167.8	17.3

表 1　障害者数の推計

引用：厚生労働省『障害者白書』（平成 26 年版）

注 1　平成 23 年患者調査の結果は、宮城県の一部と福島県を除いた数値である。

注 2　精神障害者の数は、ICD-10 の「V 精神及び行動の障害」から知的障害（精神遅滞）を除いた数に、てんかんとアルツハイマーの数を加えた患者数に対応している。また、年齢別の集計において四捨五入をしているため、合計とその内訳の合計は必ずしも一致しない。

注 3　身体障害児・者の施設入所者数には、高齢者関係施設入所者は含まれていない。

注 4　四捨五入で人数を出しているため、合計が一致しない場合がある。

［資料］

「身体障害者」

在宅者：厚生労働省「生活のしづらさなどに関する調査」（平成 23 年）／施設入所者：厚生労働省「社会福祉施設等調査」（平成 21 年）等より厚生労働省社会・援護局障害保健福祉部で作成

「知的障害者」

在宅者：厚生労働省「生活のしづらさなどに関する調査」（平成 23 年）／施設入所者：厚生労働省「社会福祉施設等調査」（平成 23 年）等より厚生労働省社会・援護局障害保健福祉部で作成

「精神障害者」

外来患者：厚生労働省「患者調査」（平成 23 年）より厚生労働省社会・援護局障害保健福祉部で作成／入院患者：厚生労働省「患者調査」（平成 23 年）より厚生労働省社会・援護局障害保健福祉部で作成

患を抱える人（特定疾患医療受給者）が八六万人もおり[*3]、障がい者手帳は持っていないが、このなかには働くだけでなく生活することも困難な人々がいる。

つまり障がい者＋要介護認定者を単純に合わせると一、三九〇万人、そこに特定疾患医療受給者を加えると一、四七六万人、一〇人に一人以上が「障がい者」ということになる。また、この人たちには家族がいることから、障がい者・特定疾患医療受給者の場合二人の親、要介護認定者の場合二人の子供がいるとすれば、「障がい者」を家族に持つ人は一、四七六万人×二人で二、九五二万人、二三・二％、人口の四分の一に相当することとなる。

私たちは普段、「障がい者」と接点がほとんどなく生活しているが、実はとても身近な存在といえる。こうした人々の多くは、障害福祉サービスや介護保険サービスの対象となる施設や学校にいるか、家にいることが多い。

我が国の人口は一一年以降減少しつつあるが、一方要介護認定者数は二〇〇〇年一二月に約二五〇万人であったものが、一四年には約六〇〇万人へと二・四倍に急増している。

こうしたなかで「障がい者」の数は増加する傾向にある。

2　意欲はあるが就労先が見つからない障がい者が六割弱

手帳を持っている障がい者の就労の状況についてみていく[*4]。厚生労働省によると、一五歳以上六四歳までの障がい者二〇五万人のうち働いている人が八二・六万人、つまり四〇％程度。身体障がい者は四三・〇％、知的障がい者は五二・六％が就業しているが、精神障がい者については一七・三

%しか就業していない。そして精神障がい者の就業については現在も思うようにすすんでいない状況にある。

さらに就業できていない人のなかで働きたいという希望を持っている人は、身体障がい者では約六割、知的障がい者は約四割、精神障がい者は約六割、平均すると五七・一%の人が働く意志を持っているにもかかわらず就業できていない状況にある。

15歳以上64歳以下の障害者数			就業者数	不就業者数	無回答
身体障害者	千人	1,344	578	722	44
	%	100	**43.0**	53.7	3.4
知的障害者	千人	355	187	160	9
	%	100	**52.6**	45.0	2.5
精神障害者	千人	351	61	283	7
	%	100	**17.3**	80.7	2.0

表2　障害者の就業状況

資料：厚生労働省「身体障害者、知的障害者及び精神障害者就業実態調査の結果について」（平成20年）　※なお、合計や%は表の数値では一致しないが、資料のデータを採用。

（単位：%）

身体障害者		知的障害者		精神障害者	
重度	57.5	重度	25.5	1級	54.2
非重度	59.5	非重度	57.1	2級	58.9
その他	69.2	その他	41.8	3級	75.0
				無回答	68.8
平均	**58.7**	**平均**	**40.9**	**平均**	**62.3**

表3　不就業者の就業意欲

資料：厚生労働省「身体障害者、知的障害者及び精神障害者就業実態調査の結果について」（平成20年）

就業している人の雇用形態をみると（常用雇用または常用雇用以外）、身体障がい者は五割弱、知的障がい者は八割、精神障がい者は六割もの人が常用雇用以外となっている。平均でも常用雇用以外が五九・四％にも達している。

そして障がい者の賃金をみると、企業で普通に雇用されている人々は各都道府県の最低賃金以上を受けとることができている。それ以外の企業では働くことが難しい人々は、厚生労働省の障害福祉サービス事業における就労系事業所で就労訓練および就労をしている。就労訓練や就労する機会を提供する事業所には二つのタイプがある。[*5] 就労継続支援A型事業（以下、A型）というのは障がい者（六五歳未満）と雇用契約を結び最低賃金を支払うものである。事業者はハンディのある人々の支援を行い、事業を行うための職員給与などを報酬として行政から得ることができる。もう一つ、就労継続支援B型事業（B型）というものがある。この事業者は、さらに働くことが難しい人々を受け入れていることから最低賃金を支払う必要はない。それぞれ一か月の賃金をみると、A型は六八、六九一円、B型は一四、一九〇円であるが、両方の事業所を合わせて平均すると二一、一七五円しかない。数多く存在する小規模な作業所に至っては三、〇〇〇―七、〇〇〇円がまだまだ一般的となっている。

仮に障がい者が障害者年金を受けても、年金の最高額は月八万円ほどである。したがって、合わせても一〇万円に届くか届かないかということになる。これで障がい者は暮らしていけるであろうか。もし家族などの支援がなくなればどうなるであろうか。

このように障がい者の就労全般を見渡すと、就職できていない、安定した雇用契約が結ばれていない、そしてきわめて低い賃金、ということが分かるであろう。

施設種別	平均工賃（賃金） 月額	時間額	施設数（箇所）	平成24年度（参考） 月額	時間額
就労継続支援B型事務所（対前年比）	14,437円（101.7%）	178円（101.1%）	8,589	**14,190円**	176円
就労継続支援A型事務所（対前年比）	69,458円（101.1%）	737円（101.8%）	2,082	**68,691円**	724円
就労継続支援事業平均	22,898円（108.1%）	276円（107.0%）	10,671	**21,175円**	258円

平成25（2013）年度平均工賃（賃金）

対象事業所	平均工賃（賃金）〈増減率〉		
工賃向上計画の対象施設（※）の平均工賃 ※平成18年度は就労継続支援B型事業所、入所・通所授産施設、小規模通所授産施設	（平成18年度）12,222円	→	（平成25年度）14,437円〈**118.1%**〉
就労継続支援B型事業所（平成25年度末時点）で、平成18年度から継続して工賃倍増5か年計画・工賃向上計画の対象となっている施設の平均工賃	（平成18年度）12,542円	→	（平成25年度）15,872円〈**126.6%**〉

平成18（2006）年度と平成25（2013）年度の比較

表4　平均工賃（賃金）月額の実績について
引用：厚生労働省「障害者の就労支援対策の状況」

福祉からの学び

これまで多くの介護保険事業所に行き、利用者である高齢者の皆さんと話をしてきた。そのなかにはたくさんの認知症の人がいた。

認知症というのはかつては「ボケ」や「痴呆」と呼ばれていたが、用語が変更されたものである。認知症は、脳の細胞が死んでしまったり、働きが悪くなったために、発症し、日常生活に支障をきたすようになる。単なる物忘れとは異なり、「いつ、どこで、誰と」といったことも忘れてしまう。主な認知症の種類は「アルツハイマー病」「脳血管性認知症」「その他の認知症」に分けられる。アルツハイマー病は脳の神経細胞が減ったり、脳が萎縮することで引き起こされる。脳血管性認知症は、脳の血管が詰まったり破れたりすることで引き起こされる。

今、このような認知症の人、そしてたくさんの予備軍の人がいる。その数はどんどん増えている。さらに、精神障がい者の数も近年増え続けている。このような人々が一体なぜ増えるのであろうか。単に長生きをするようになったり、心身へのストレスが増えたからであろうか。

認知症の人は、主として「情動」によって反応する。これは知的障がい者や精神障がい者にもみられるものである。情動とは一時的で急激な感情をいう。喜び、悲しみ、怒り、恐怖、不安などの激しい感情の動きだ。実は認知症の人は、周囲からの情動の作用をとても受けやすいといわれている。そのため、たとえばこのようなことがよく見受けられる。娘さんが認知症の父親に向かって「さっきご飯食べたでしょ！　もう忘れたの……」とキツイ口調で言う。最初は週に一回くらいだったものが、二回、三回と増えるにしたがって、そのうちもっとキツイ口調で「ここに食べた証拠があるじゃない！」と言うようになる。すると、父親は自分が今まで心地の良かった「時代、場所、人」との世界に戻ろうとする。つまり、昔にタイムスリップする。さらに彼らはたとえ言葉の意味が理解できなくても、周囲の情動が敏感に伝わっている。これは知的障がい者や精神障がい者も同じである。

もし障がい者が仕事で失敗したとき、上司が障がい者に対して自分の保身のために怒ったり、そのときの感情にまかせて怒ると、それをとても敏感に感じ、それ以降コミュニケーションが図れなくなったり、パニックを起こすようになる。

また情動とは別であるが、特に知的障がい者に対して「これやっておいてね！」と抽象的に指示を伝えても、それをするのが難しいことが多い。しっかりと分かりやすく情報を伝えなければ、伝わらないためである。

これらのことは何を意味しているのであろうか。情動というのは、実は認知症や障がい者の人だけが感じるのではない。健常者と呼ばれる一般の人々も感じているのである。だからそれが仕事場や学校で起き、自分にそれが向けられるとストレスになる。双極性障がい（躁うつ病）が増えるのもこうしたことが原因の一つになっているのかも知れない。情動によって認知症や発達障がいや双極性障がいや統合失調症などを悪化させたり、発動させている可能性がある。また相互の情報伝達をしっかりしていないため、健常者同士の間でも誤解を生んだり、間違いを犯すことは多いのではないだろうか。

つまり、「もっと人間同士のコミュニケーションを良くしなさい」と認知症や障がい者の人は、私たちに教えているのではないであろうか。だから彼らは増えているのではないであろうか。私には「相手を思う気持ちを持ち、分かりやすく、気持ちや情報を伝えなさい」というメッセージを運んできているように感じる。

3　食べていくことが難しい日本の農業の現状

つぎに我が国の農業の現状についてみていくこととする。

東北のある地域での話。昔は農業収入が低くても、車で通える範囲に働ける工場があった。そのため、長男は実家に残り、次男三男は東京などの都市地域へ出ていった。長男は、農業収入と兼業収入があれば結婚をし、子供を育てることができた。しかし、近年、農産物価格が低下し、生産資材が値上がりするなかで、農業収益が減りつつある。それまでは一定の農業収入があったことから、低賃金の工場で働いていても生活ができたが、今では、農業を継ぐことも難しくなった。さらには工場は低賃金なためそれだけでは生活ができないことから、長男であっても地域から出て行かざるを得ない状況になっている。

1　高齢化し担い手が減り続ける農業

二〇一〇年現在のデータでは、[*6] 農業就業人口[*7]は全国で二六一万人である。一九六〇年には一、四五四万人であったが、八五年は六三六万人、そして現在へと急速にその数を減らしてきた。六〇年と比較すると五〇年間で八二%[*8]も減少している。また専業農家などの農業を中心の仕事とする基幹的農業従事者[*9]についてみても、二〇一〇年でみると二〇五万人しかいない。こちらも一九六〇年には一、一七五万人いたことから八三%も減少している計算となる。これが今の日本の農業を支えている人々の数である。

次に今働いている人々（基幹的農業従事者）の年齢構成（グラフ1、2）をみていくこととする。

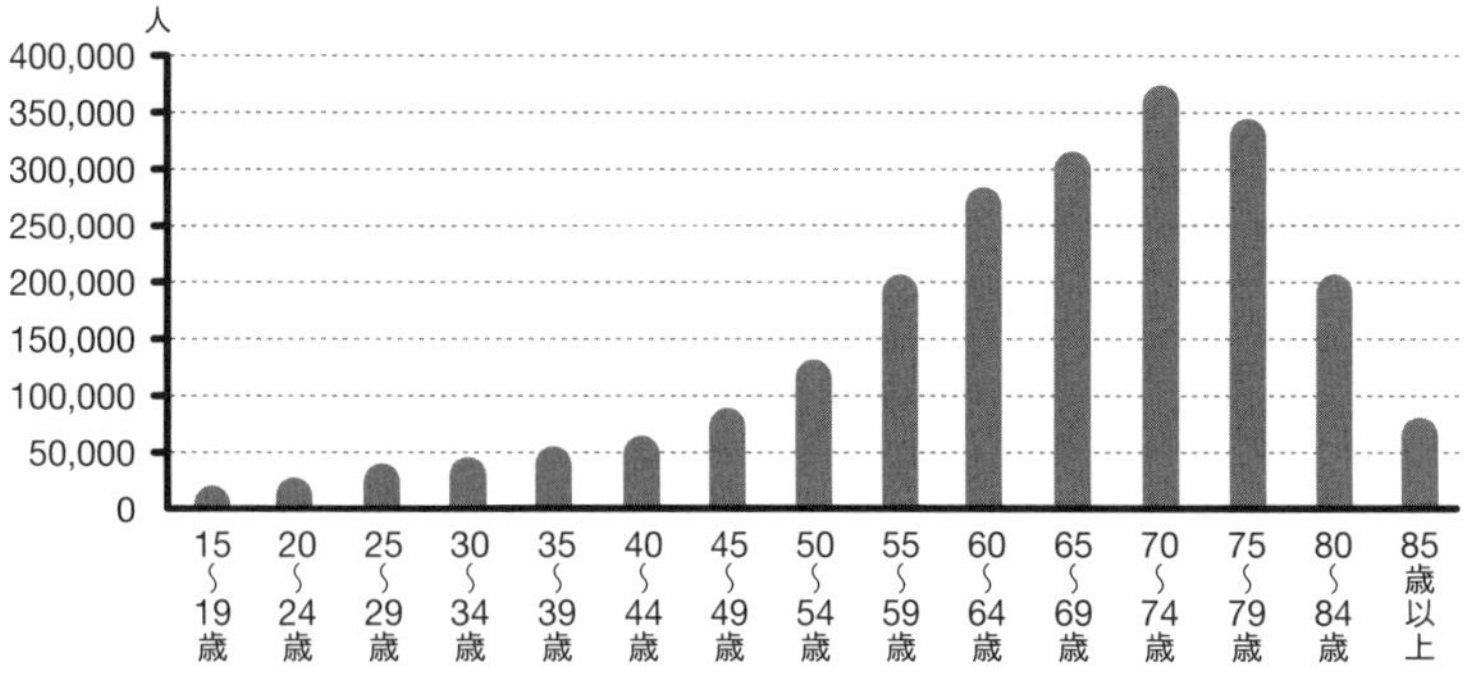

グラフ１　2010年 基幹的農業従事者の年齢構成
資料：農林水産省「農林業センサス」

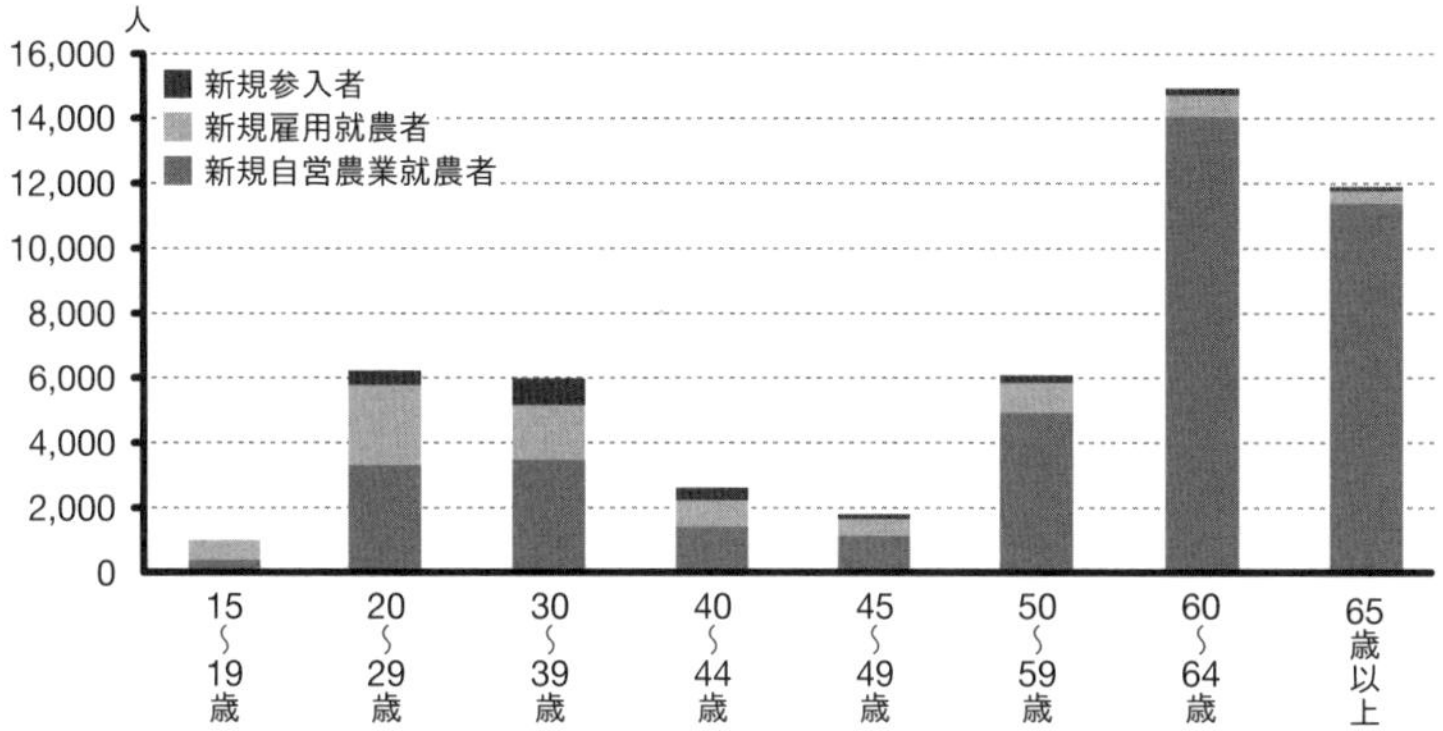

グラフ２　2013年 新規就農者の年齢構成
資料：農林水産省「農林業センサス」

2008年	2009年	2010年	2011年	2012年	2013年
60,000人	66,820人	54,570人	58,120人	56,480人	50,810人

表５　新規就農者数の推移
資料：農林水産省「新規就農者調査」

「農林業センサス」のデータは二〇一〇年の年齢構成であることから、一五年にはこのグラフが右へ一つずれていると予想される。つまり、最も多い年代は「七五―七九歳」、ついで多いのが「八〇―八四歳」となっていると考えられる。また前期高齢者以上（六五歳以上）の割合は六割を超えている。平均年齢は一〇年で六六・一歳であるから、一五年には七〇歳を超えていると予想される。

これに対して新しく農業に就業した人数をみると、*10 一三年には五万人が就農している。ただしそのうち六〇歳以上が五二・七％となっており、年を重ね第二の人生を送ろうとする人が多くを占めていると考えられる。

つまり毎年、五―六万人が就農しているが、その数はリタイヤする人々よりも少なく、比較的高齢な人々が中心となっているのだ。

2 厳しい農業所得

農業生産者、特に規模の小さな農家は高齢化し、後継者がいないことが多い傾向にある。簡単に言ってしまえば、後継者となる者は農業生産に従事しても家族を支えるだけの収入を得ることが難しく、生活していけないためである。

農家の家族農業従事者の時給（「農業所得」÷「家族労働時間」）についてみると、二〇〇〇年から実は最低賃金を下回っている。二〇一〇年の時給は六六七円であることから、一九九一年の最低賃金（六七〇円）とほぼ同水準である。ちなみに一〇年の最低賃金は七三〇円であった。

こうした状況下では新しく就農したとしても、農業で生活していくことが大変厳しいといえる。そのため我が国の農業における担い手不足はますます深刻化している。近年の円安により、一層

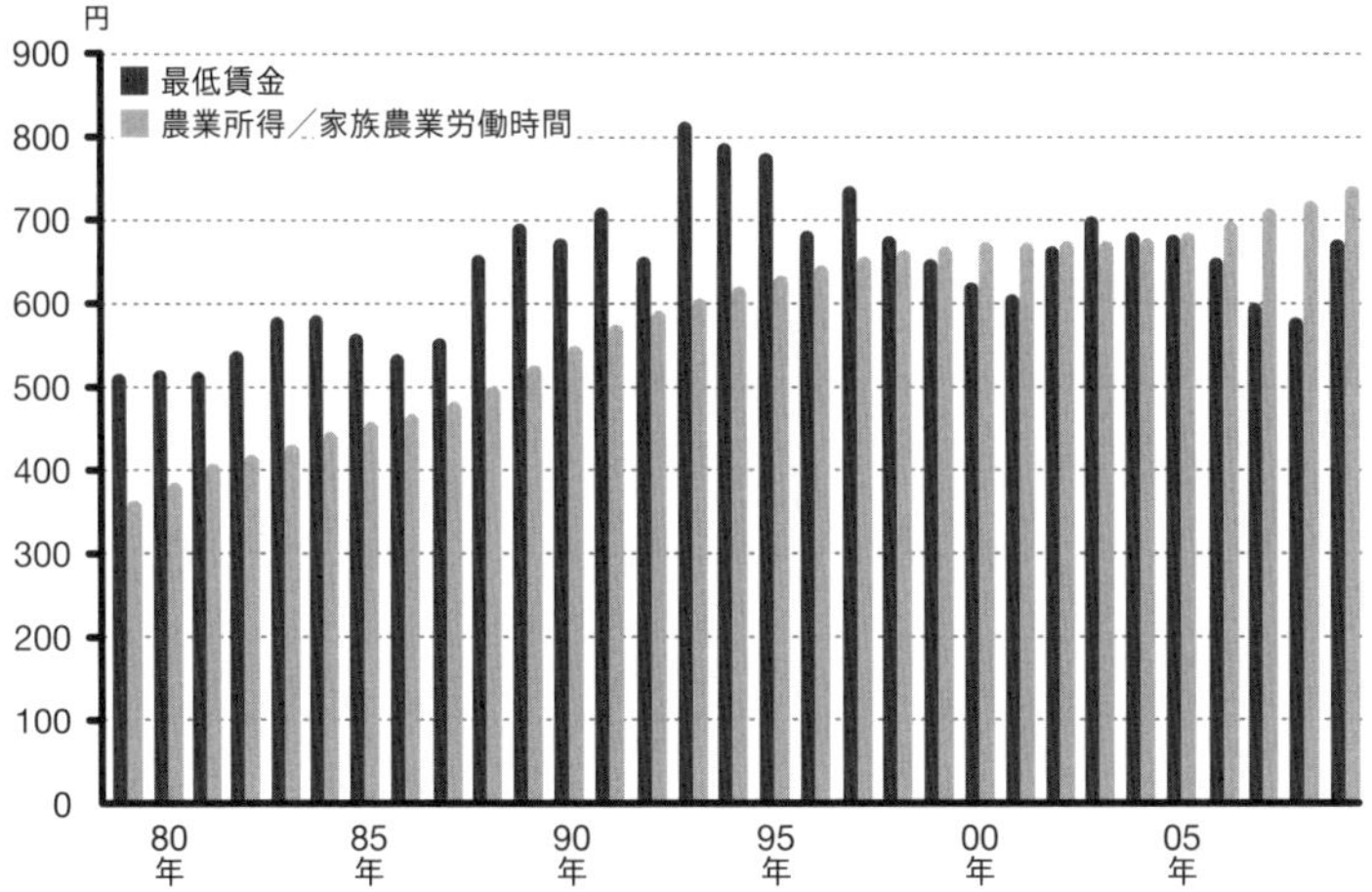

グラフ３　農家の農業所得・時給の推移
資料：農林水産省「農業経営統計調査」、厚生労働省「最低賃金に関する基礎調査」

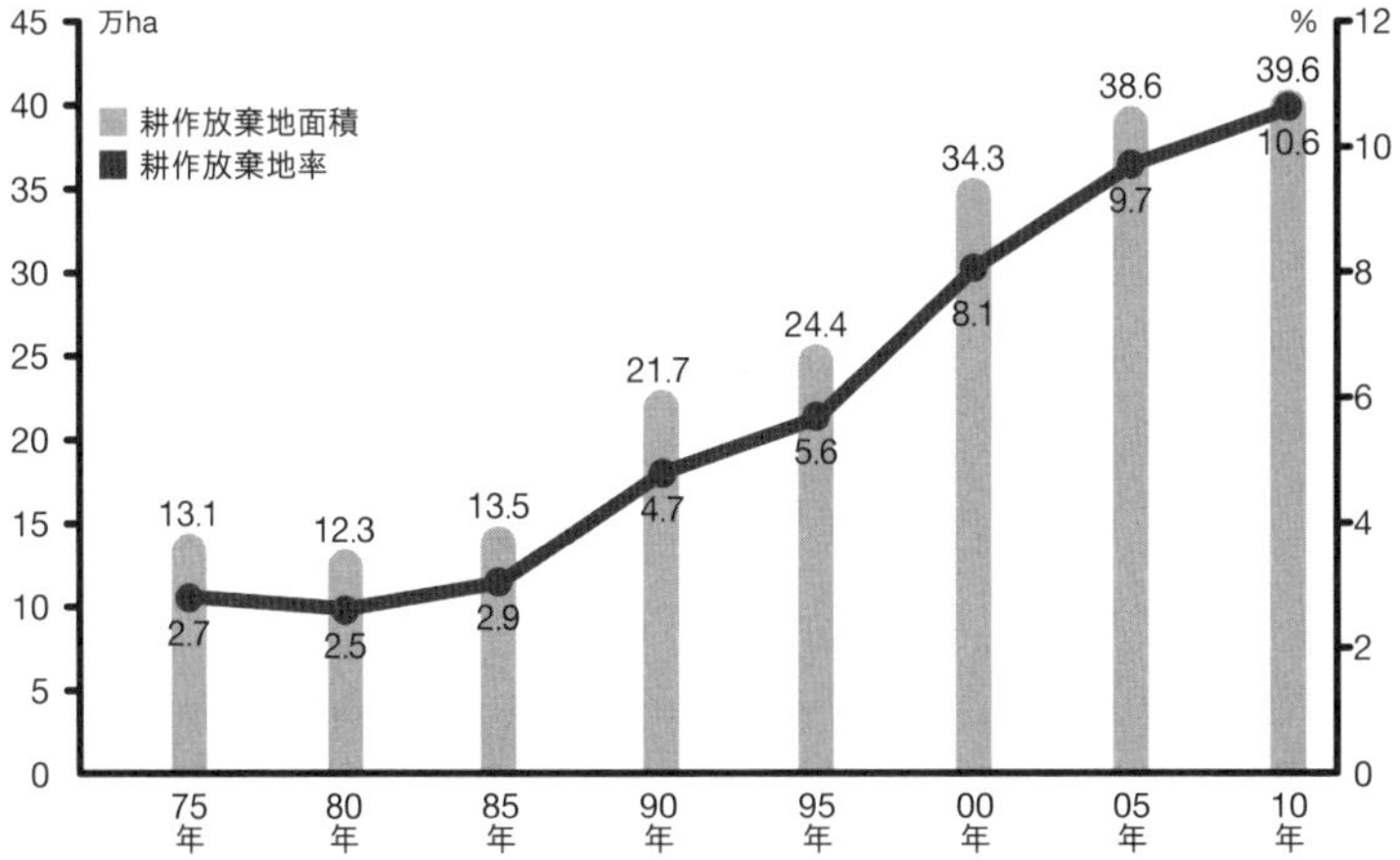

グラフ４　耕作放棄地面積の推移
資料：農林水産省「農林業センサス」
注：耕作放棄地面積率＝耕作放棄地面積÷（経営耕作地面積＋耕作放棄地面積）×100

生産コストは上昇し、一方で長引くデフレによって農産物の販売価格は思うように上がらず、農業生産者の所得は減り続けている。

その結果、農地を守る人々がいなくなっている。それは地域での働く機会を消失させ、食料自給率を低下させることにも繋がっていくこととなる。

3　耕作放棄地の増加

担い手のいなくなった農地は耕作放棄地となる。耕作放棄地は条件不利な場所であることが多いが、その面積は一九八五年には一三・五万ヘクタールであったものが二〇一〇年には三九・六万ヘクタールと三倍に増えている。この面積は埼玉県の面積三八・〇万ヘクタールを超え、四〇・二万ヘクタールの滋賀県の面積に迫る勢いとなっている。

これはとても深刻な状況であり、もったいないことである。

農からの学び

奇跡のリンゴの話

木村秋則さんは、日本で初めて無農薬でリンゴ栽培を成功させた。その話は、テレビ、本、映画にもなっている。木村さんの生産方法は、「無肥料自然栽培」という。農薬だけでなく、肥料も使わないというものだ。

木村さんは、一九八五年頃、日本がバブル経済で異様な盛り上がりをみせていた頃、この取り組みを試みていた。何年もチャレンジしたが、思うように結果が出なかった。とうとうリンゴの木は花を咲かせなくなり、また近所の人々からは、「お前の畑から虫が飛んできて困る」と言われた。木村さんのお子さんは、新しい消しゴムや鉛筆を買うこともためらうような状況だった。

そんなある日、疲れ切った木村さんは、自殺をしようと山へ縄を持って登った。

そして縄を木にかけようとしたとき、山の中にたわわに実がなった「リンゴ」の木を発見した。それは大変な驚きだった。木の下には雑草も生え、たくさんの虫もいたのであった。それは、「リンゴ」の木が他の「いのち」のなかでしっかりと生きているという証だった。しかし実は、たわわに実がなっていたのは「リンゴ」ではなくドングリだったそうだ。だが、ドングリは誰からも肥料をもらっていないし、農薬がなくてもたくさんの実をつけていたのだ。木村さんは、そこでリンゴの木以外の草や動物は実は大切な役割を持っているのではないか。だからリンゴもそのなかでなら育つことができるのではないかと考えるようになったという。

自然界では人間が手を加えなくても、他の「いのち」のおかげで、実をつけることができるという考え方である。この考え方で栽培に取り組むようになり、やがてリンゴの木が花を咲かせ、実をつけるようになっていった。

そしてさらに後日談がある。ある年、強い台風がやって来た。周りの畑のリンゴは約八割が落下したそうである。しかし、木村さんのリンゴは約二割しか落下しなかった。木村さんによれば、それは親の木が子供である実を一生懸命守ったから、守ることができたからだという。さらに、おもしろいことに木村さんのリンゴは、収穫した後、常温でおいていても何年も腐ることはないそうである。私も実際にそのリンゴを拝見させていただいたが、リンゴは小さくなり、表面は黒くなり、ひび割れていたが、匂いを嗅ぐと甘酸っぱい香りがした。数年前に収穫したリンゴとのことであったが、腐るとは違う状態になっていた。これは子孫になる実が強い生命力を持っているからだという（現在、アレルギーを持つ人間のたくさんの子供たちとは正反対である）。

つまり、自然の中には本来、害虫などはいない、害のある雑草もないのである。虫がつくとすれば、それは虫がその環境を地域の自然に合った状態に戻そうとしているだけで、雑草も元の状態に戻そうとしているだけなのである。だから私たち人間は、自然に合わない農業生産方法をするために、虫や草を人工でコントロールしなければならなくなったのである。

タイの話

それからもう一つ、私が木村さんの本やご本人に出会ってから、思い出す出来事がある。それは私がまだ大学院生だった頃（二〇年位前）、一つ下の学年にタイ人の留学生がいた。ある夏、タイに旅行に行きたいと話したところ、案内をしてくれることになった。最初はタイの首都バンコクで、留学生の家族とご飯を食べたり、観光地巡りをした。私のたっての希望で、どうしても農村に行きたいと話したところ、留学生のお母様は元々、チェンマイ（第二の都市）から車で二時間位奥に入った山岳民族だということだったので、そこへ案内してくれることになった。

実は留学生はとてもお金持ちで、チェンマイで当時数台しかないドイツ車に乗り、家にはお手伝いがいた。私はチェンマイでも観光をさせてもらい、お母様の実家にドイツ車で行くこととなった。車に乗り込もうとすると、すでに二人のご老人が乗っていた。どなたか聞くと、留学生の祖父母で、これから村に帰るところということであった。その車に同乗させていただき、道中、留学生に「なぜ村に戻るのか」聞いてもらったところ、おじい様から「チェンマイの家にいても、テレビを見るしかすることがない。つまらないから帰るんだ」という返事が返ってきた。

村に入ると車のスピードはどんどんゆっくりになり、道ですれ違う人々と手を合わせて挨拶をしながら、やがて祖父母の家に到着した。お二人に家に上げてもらうと、なんと電気がない家であった。そして、つぎのお願いとして「畑をみたい」と頼んだところ、おじい様が案内をしてくれることとなった。家を出て、案内されたのは家のすぐ裏であった。おじい様は「ここだよ」と指で示した。しかし、どこにも私が想像していた畝のある畑はないのである。でも、よーく地面の草をみると、見覚えのある野菜の葉っぱがところどころ出ている。なんと雑草の中に紛れて、野菜が育っていたのだ。

ここに人間の豊かさとは何か、そして木村さんとも通じる本来の農産物の生き方を教えられる。すべての「いのち」のなかで、それは土の中も含めて、農産物は生きて、次世代を育てているということである。この中で分かることは、「いのち」の多様性が大切であるということである。

つまり「人間が自然と関わることで、自然の多様性が豊かになる」ことが重要であるということだ。これは日本人が昔、つくってきた「里山」の論理といえる。自然界の人間が介入しない山では遷移がすすむと最終的には「極相林」という陰樹の林になっていく。青木が原の樹海などがそうである。同じような種類の樹木の林となり、樹の上部は鬱蒼としているため下部へは昼間でも陽がとどきにくく、下草はあまり生えなくなる。そのため、そこで生きる動物の数や種類も限られてくる。しかし、里山では人間が定期的に伐採し、下草を刈ったりすることで、たくさんの陽がとどくようになり、多様な植物が生え、多様な動物がやって来る。

本来の農業というのも、このように人間が介在することで自然が豊かになるというものでなければならない。その一つの農業生産方法が「無肥料自然栽培[*11]」だといえるであろう。私たちはもう一度、農業のあり方について考えることが必要なのだと思う。

4　住み続けることのできない自分の「マチ」

1　厳しい地域経済

林業は、戦後、木材価格が高騰したときに輸入を自由化したことから、価格が暴落して産業として成り立たなくなった。[*12] 水産業においても、近年、魚価の低迷、燃料等価格の高騰、高齢化などによりその経営は厳しい状況になってきている。

そのため、農山漁村地域では、基幹産業の農林水産業の低迷・衰退によって、また企業の工場などが労働力や土地の安価な海外へ移転することなどによって、地域住民の所得、さらには所得を得るための機会が減りつつあるといえる。

また企業収入が減少し、人口が減少し、少子高齢化がすすむことで、税収は減る一方で歳出が増加し、地方自治体の財政も悪化しつつある。

2　生活が困難になる地域

生活の側面においても、スーパーが無くなったり、交通機関が失われ、買い物できなくなったり、医療を受ける場や機会も減ってきている。今、農林水産業だけでなく、農山漁村はとても深刻な問題を抱えているといえる。

国土交通省は二〇〇八年に人口減少・高齢化の進んだ集落などの世帯を対象にアンケート調査を実施した。[*13] 六五歳以上の高齢者が人口の五〇％以上の集落を含む地区に居住する世帯主（全国から二〇地区選定）を対象に調査したものである。それによれば、以下のような実態が浮かび上がってくる。

●高齢者の多くは年金受給のみ

世帯主は六五歳以上が六八％を占め、多くが年金受給者であった（五七・二％）。また年金受給者のなかで収入は年金受給のみと回答したのは四五・三％で、高齢者の多くが年金だけで暮らしている。「一人暮らし」世帯は二九・六％、「夫婦のみ」世帯が三七・二％で多くが高齢世帯であった。そして「一人暮らし」世帯のうちのなんと七割が女性であった。高齢化のすすむ集落ほど一人暮らしが多く、その多くが女性ということである。

●高齢になると外出は難しい

車を運転する者が世帯のなかにいる割合の平均は六九・九％であるが、世帯主が高齢になるほど少なくなっている。世帯主が七五歳を超えると半数以上で運転する者がいない。また、「一人暮らし」世帯では男性は約六二・二％が自分で運転をしているが、女性は一六・四％しかいない。

こうしたなかで、外出する頻度や外出先をみると、「買い物」へは「週に数回」（三三・五％）、「月に数回」（四八・五％）、「病院」へは「週に数回」（四・八％）、「月に数回」（六二・九％）ということである。「買い物」は数日おきに行く者と月に数回の者に分かれ、「病院」については月に数回の者が多い。「病院」について年齢別でみると、高齢になるほど病院に行く回数は多くなる傾向がある。

●片道にかかる時間は三〇分以上

「買い物」にかかる片道の所要時間は「三〇分―一時間未満」（三八・六％）、「一時間―二時間未満」

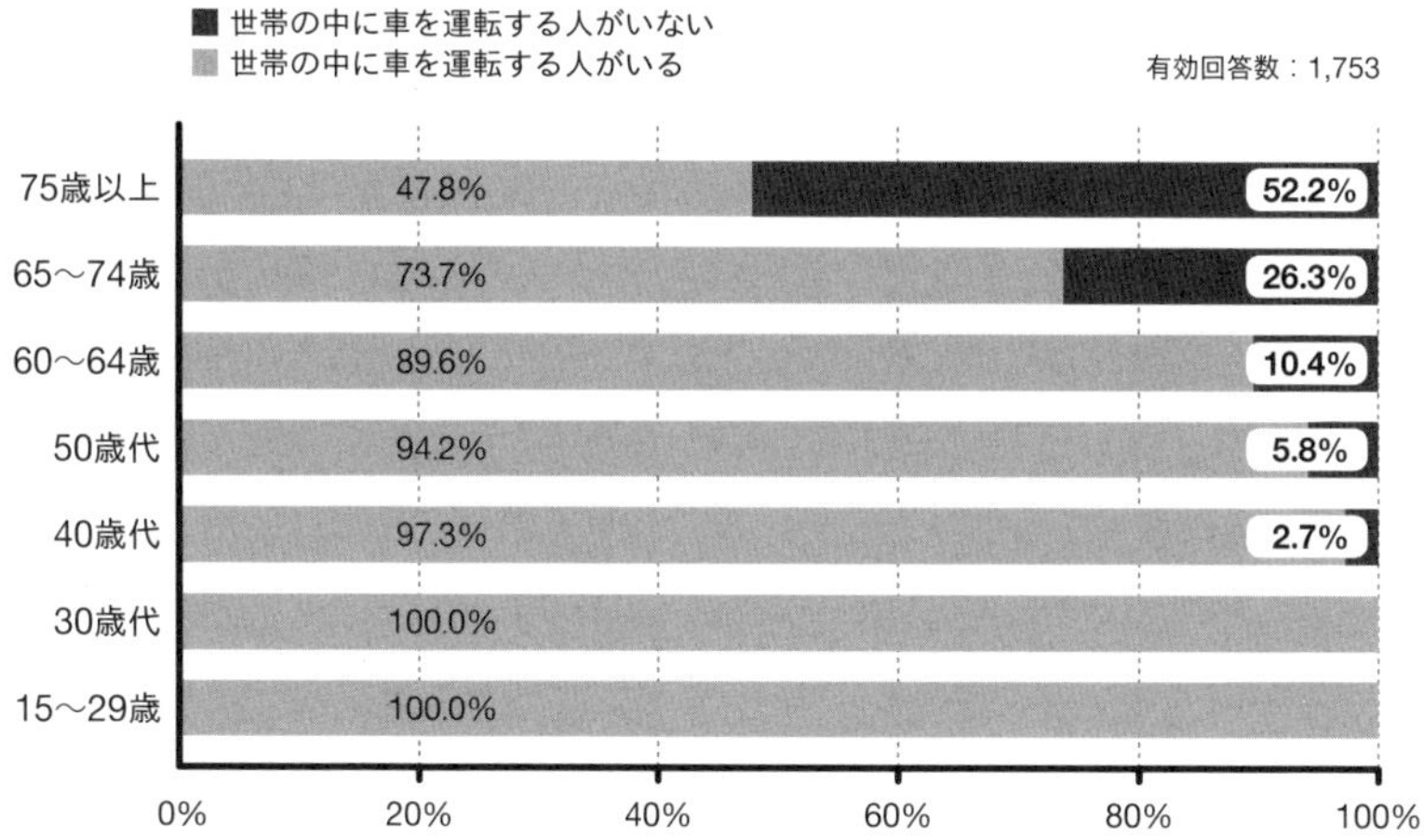

グラフ５　年代別・世帯の中の運転者の有無
資料：国土交通省「人口減少・高齢化の進んだ集落などを対象とした
「日常生活に関するアンケート調査」の集計結果（中間報告）」（2008 年）

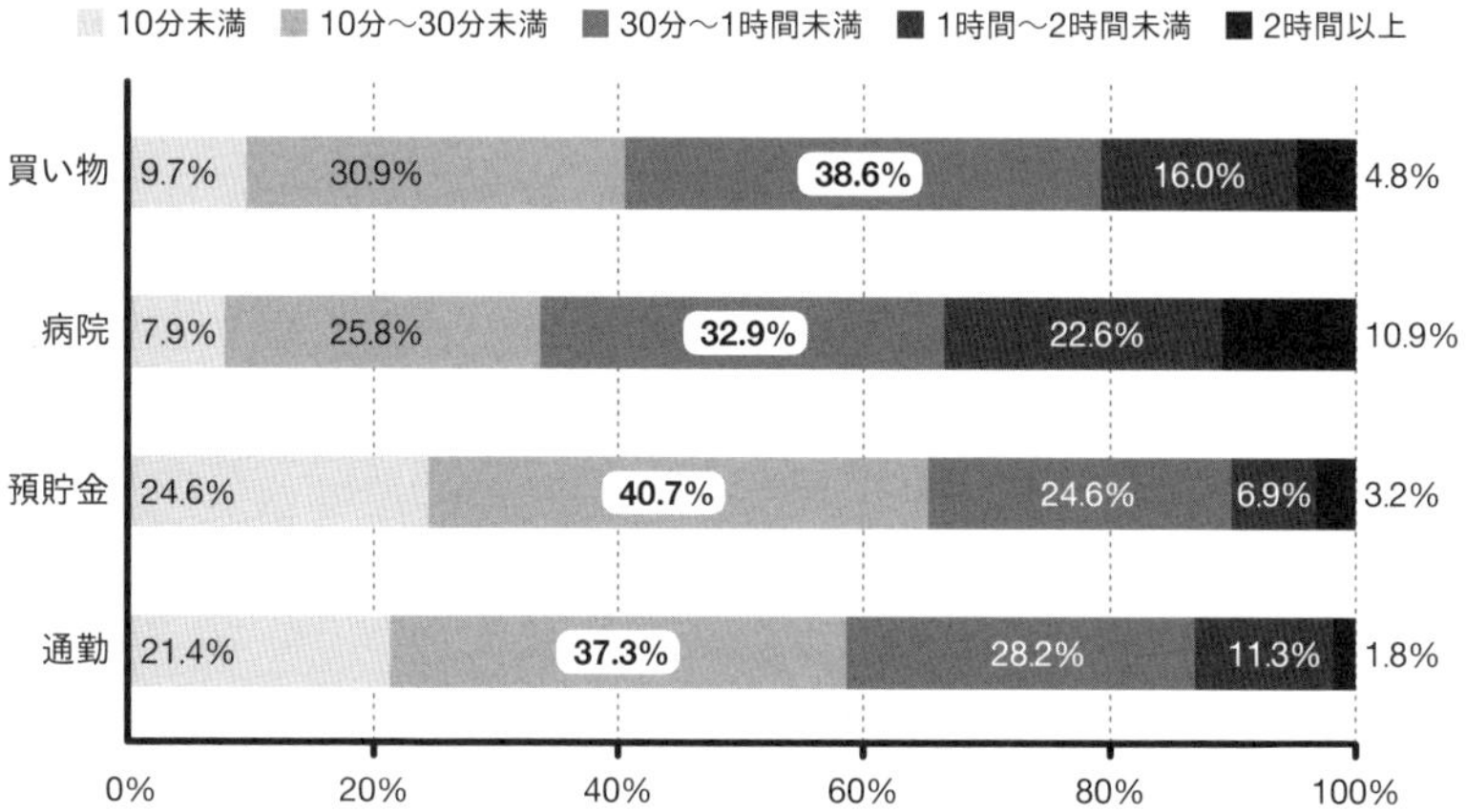

グラフ６　外出の用事別・片道所要時間
資料：同上

（一六・〇％）、「二時間以上」（四・八％）である。そして「病院」への時間は「三〇分―一時間未満」（三二・九％）、「一時間―二時間未満」（二二・六％）、「二時間以上」（一〇・九％）である。

つまり「買い物」には六割が三〇分以上、「病院」には六割以上が三〇分以上の時間をかけており、さらに「病院」については約三割が一時間以上もかけて通院している。

●生活上困っていること
以上のような状況において、生活のなかで一番困っていることを聞くと、「近くに病院がないこと」（二〇・七％）、「救急医療機関が遠く、搬送に時間がかかること」（一九・一％）、「近くで食料や日用品を買えないこと」（一五・八％）で、多くが病院や買い物をあげている。

さらに、同居する家族が病気や高齢になるなどして、日常生活が不自由になったときに必要となるサービスについて聞くと、「定期的な安否の確認」（二二・五％）が最も多く、次いで「緊急通報サービス」（二〇・三％）、「通院などの送り迎え」（二〇・三％）、そして「家事の手伝い」（一九・七％）であった。

●それでも住みたい
しかし、これほど厳しい生活あるいは将来に不安を感じながら生活をしているにもかかわらず、「ぜひ将来も住み続けたい」（三九・三％）、「できれば将来も住み続けたい」（四七・五％）と、多くがその地域に住み続けたいとしている。

特にそのなかでも生活が大変なはずである高齢者ほど、しかも高齢になるほど住み続けたい（「是非」「できれば」の両方で七五歳以上の割合は九〇・七％）としている。
その理由の多くは、現在の生活様式を変えたくなかったり、住んでいる家や地域に愛着があるためということである。
一方、若い世帯主では先祖のお墓があるから、水や空気がきれいだから住みたいと考える者が多い。

3　高齢者が役割を発揮できる社会に

高齢者だけでなく若い世代も、長年住み慣れた家や地域に対して愛着を持っている。そして年をとっても、できれば同じ場所で住みたい、生活したいと考えている。しかし、一方で買い物や通院、万が一のときの医療体制などに不安を持っている。また交通手段が十分確保できておらず、自分で運転できない場合は、誰かに乗せてもらうか、公共交通を使用せざるを得ない。そのため外出には多くの時間がかかってしまっている。

こうしたなかで高齢になると、①身体機能が低下し、②病気となったり、③公共交通機関の減少や免許の返納などによる移動手段の喪失、④その結果、買物にアクセスする機会が失われ、⑤また医療にアクセスする機会も失われ、⑥そして介護にアクセスする機会も失われる。⑦さらに支出は増えるが収入（年金）は減っていくことなどによる貧困化、⑧過疎化や高齢化による物理的孤立、⑨精神的孤立などといった問題に晒されることになる。

しかし、高齢になっても実際は元気な者もいる。また多少、心身の機能が低下してきても、やれることがある高齢者はたくさんいる。だが、定年を迎えたり、事故や怪我を恐れ、自分でやれること（自分の生活における役割）をしなくなったり、社会のためにできること（社会における役割）をしなくなったりと、自分の役割を失っていることが多い。実は役割を制限したり、失うことで、高齢者の心身の機能はますます低下し、精神的孤立を深めることになる。

今後は都市地域においても高齢化が急速にすすむ。そして農村地域と同じような医療問題、移動問題、買い物問題、農村地域より深刻な孤立問題、心身機能の低下に直面しつつある。ここでも実は多くの元気な高齢者や多少障がいを有していてもまだまだ自分でできることのある高齢者が役割を失っているのだ。

したがって、こうした高齢者の役割をどのように家庭や地域、そして社会のなかにつくっていくかということが大きな課題といえる。

一方、若者についてみると、多くが子供を産み育てることに不安を感じている。本来、地域は多世代が共生できるものでなければならない。それには子供は教育を受けることができ、大人は働く機会があり、通院や買い物ができる機会があることなどが重要となる。

農村地域では、こうした機会が失われつつあるという厳しい現状がある。また都市地域においても、働く機会はあっても低収入しか得られず、子供の貧困化という問題が深刻化しつつある。

若い世代もある意味では役割を果たせないでいる。働いても安心できるような収入や社会保障を得ることが難しい世の中で、自分の持つ力を十分に発揮する機会を得られていないということである。

4「自立」

地域には、年金を受給し介護や医療サービスを受ける高齢者、障害福祉サービスを受ける障がい者、あるいは生活保護サービスを受ける生活保護受給者、そして生活困窮者もいる。これらの人々には「自立」が求められている。それは自己責任においてすべてを自分で行うという意味ではない。お互いに支え合いながら、自分らしく生きることができるようになるということである。「自立」はボランティアなどの「共助」、介護保険や医療保険などの「公助」による支え合い、そして自分でできることは自分でしていくという「自助」によって、実現していくものである。これからのマチづくりは、この「自立」をさまざまな方向から促す仕組みを考える必要がある。

5　農福連携が課題解決の糸口に

障がい者も農業も課題を抱えている。そして地域もさまざまな問題を抱えている。もし障がい者がサービスを単に受ける存在ではなく、サービスを提供する存在となればどうなるであろうか。これは実は高齢者にも同様のことがいえる。定年を迎え、役割を持たず年金で生活することより、自分の役割を持って、働くことができれば、サービスを提供する存在となればどうなるであろうか。もし農業が新たな価値を創造し、働く機会を創生することができればどうなるであろうか。地域はどのように変わるだろうか。その糸口が農福連携であり、ここに農福連携を考える意味がある。

＊1　厚生労働省『二〇一四年版障害者白書』
＊2　厚生労働省『介護保険事業状況報告書』
＊3　厚生労働省『一三年度衛生行政報告例』
＊4　厚生労働省『二〇〇八年身体障害者、知的障害者及び精神障害者就業実態調査の結果について』
＊5　障がい者に対して就労訓練や就労にかかるサービスを提供する厚生労働省から認定を受け運営する事業所。この他に、就労系事業として就労移行支援事業という、二年間の就労訓練を行い、企業等への職場探し、就労後の職場定着のための支援等を実施するものがある。
＊6　農林水産省『農林業センサス』
＊7　一五歳以上の農家世帯員のうち、調査期日前一年間に農業のみに従事した者または農業と兼業の双方に従事したが、農業の従事日数の方が多い者をいう。
＊8　一九八五年より定義が変更され販売農家のみのデータ。
＊9　農業就業人口のうち普段の主な状態が「仕事が主」の者。
＊10　農林水産省『新規就農者調査』
＊11　なお、無肥料自然栽培の定義については、現在もいろいろ議論がなされているが、今後、整理が必要である。だが、二一世紀の「農業革命」となる大きな可能性を秘めている。
＊12　筆者はそもそも我が国では産業としての林業は成立していなかったと考える。資本および分業による川上から川下までの消費・流通体系が、確立していなかったと判断する。
＊13　国土交通省『人口減少・高齢化の進んだ集落などを対象とした「日常生活に関するアンケート調査」の集計結果（中間報告）』（二〇〇八年）

農と福祉からの学び

これまで私たちは、農業や福祉を二〇世紀の資本主義のなかで、非効率な存在、コストと考えてきた側面がある。そして適者生存、自然淘汰は仕方がない、負け組、勝ち組がいてもそれは仕方がないとしてきた。

そうしたなかで人間は自然と対立し、人間同士も対立するようになった。自然との対立により自然破壊をし、人間同士の対立により格差を発生させている。そして精神障がい者や自殺者が増加している。

この根幹にある精神には、デカルトの「二元論」があるのではないだろうか。物事を陰と陽、善と悪など相対立する二つの原理でとらえようとする、一体ではなく分けて考えるものである。簡単に言えば「私とあなたは別」「自分のことは自分でやる」という発想である。それは分業を実現し、物質的な豊かさを実現してきた。しかし、それが行き過ぎた結果、自然を破壊し、人間をも破壊することにつながったのではないであろうか。

私たちは人間と自然との関係、そして人間同士の関係について考え直す必要に迫られているといえる。

そのヒントが農、そして福祉にある。

農は自然と人間の関係、福祉は人間同士の関係について、私たちに教えてくれている。それはデカルトが「人間は自然を支配できる」といった、そして私とあなたは別という二元論の考え方に対して、私たちの考え方や生き方について問題提起しているように思う。日本の精神は『八百万の神』にあるように、すべてに神が宿り、「全てが一つ、同じ」であるという一元論である。それは「私たちは、それぞれ自立した個であるけれども、でも本当は一つなんだ」ということであり、それを農と福祉が教えてくれているのではないであろうか。

つまり本来一つである、分身である、多様な「いのち」が、それぞれ役割を持ち、輝く関係、社会をつくることが、今、求められているのではないであろうか。

閉塞しつつある二元論を中心とした人間社会は、大きく舵をきり、つぎの違ったベクトルへ向かうときがきている。

2　農福連携、その歩み

1　これまでの農福連携とは

農福連携の農というのは、農産物を生産することを目的とした農業であり、福というのは障がい者就労を意味していた。そして現在用いられる農福連携とは、多くの場合、障がい者の農業分野における就労訓練および就労をいう。[*1]

今日のように農福連携という言葉が広まる前に、実際の現場ではすでにいろいろな「農と福の連携による取り組み」、いわゆる広義の意味での農福連携の取り組みが行われていた。大きく分けると以下のようなものとなる。

一つ目は、病気の人や要介護認定高齢者・障がい者などを対象に、園芸療法という心身のケアを目的とした農作業を行うもの。

二つ目は、それらの人とのレクリエーション、交流、生きがいづくりなどを目的とした収穫などの農作業体験をするもの。

三つ目は、農家などが地域貢献として生産した農産物を障がい者福祉事業所や介護保険事業所等に寄付するもの。

四つ目は、障がい者福祉事業所や介護保険事業所が給食の食材を自給することを目的に農作業をするもの。

五つ目は、特別支援学校や障がい者福祉事業所などが障がい者らの教育や就労訓練のために農作業を行うもの。

つまり、目的はケア、レクリエーション、教育、就労訓練、地域貢献が主であった。また対象者も病気の人々、要介護認定高齢者、障がい者などの「障がい者」である。そして農作業の実施主体は障がい者福祉事業所、介護保険事業所、病院、学校、農家などである。

2 農福連携の近年の広がり

研究をはじめた九年ほど前は、障がい者の農業分野での就労という取り組みはまだまだ多くはなかった。しかし、時代の流れが大きく変わってきた。農業生産環境や障がい者就労にかかわる変化の大きなうねりは以前からあったが、近年、リーマンショックや東日本大震災などを契機に農業、障がい者、そして地域を取り巻く環境が急速に変化してきている。そうしたなかで、現在の「農福連携」は、障がい者が地域の農業に就労などを通じて積極的にかかわることで農業を活性化するもの、そして地域をも変えようとするものになりつつある。

1 厳しい時代が農と福を一層緊密に結びつける

前述したように農業では農家の少子高齢化や農産物価格の低迷、生産コストの上昇により、家族を養うことができる農業所得が得られず、担い手不足となっている。またそれまで兼業先であった企業がコストの安価な海外などへ移転するなかで、地域での働く場が失われ、若者は地元から仕事を求め都市地域へ出ていくようになった。

その結果、農業の担い手が高齢化し、不足するようになった。

一方、障がい者を取りまく状況も大きく変わってきている。それは障がい者の支援制度が大きく変わり、二〇〇六年に障害者自立支援法（一三年より障害者総合支援法）が施行されたことによる。この法律は、障がい者の自立および地域移行を促し、障がい者が受給したいサービスや事業所を自由に選択できるようにしたが、一方で一層の工賃向上を目指すことが求められるようになった。

そして、リーマンショックや円高や長引く景気の低迷によって、企業は障がい者福祉事業所へ作業委託をしていた作業を海外へ移していった。その結果、事業所はそれまでの仕事を失うにもかかわらず、工賃向上を求められるようになった。

こうしたことから障がい者福祉事業所は、地域から出ていくことのない、地域でこれまで行われてきた農業分野における障がい者就労に取り組むようになった。

全国規模のアンケート調査（一六九六事業所に配布、有効回収数八三二）に回答した障がい者福祉事業所のうち現在農業活動に取り組んでいると回答した事業所は三三・五％に達し、このなかの約五割（二五・八％）がこの一〇年以内に取り組みはじめている。活動を開始した当初の狙いでみても、近年になるほど「新しい職域開拓のため」という事業所が増えている。

こうしたなかで、農福連携は実態として広がりをみせている。

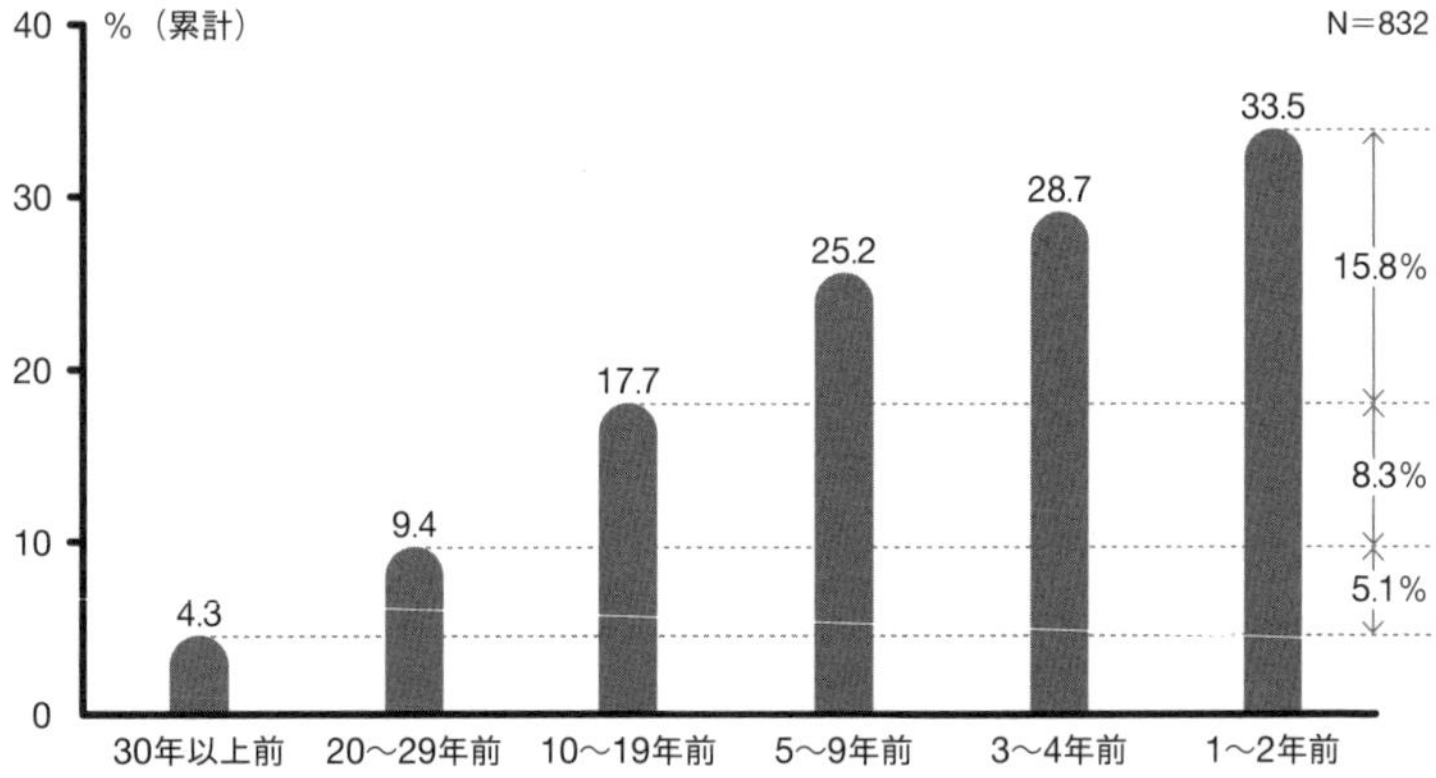

グラフ7　農業活動の取り組み状況

資料:農林水産省の「平成25年度都市農村共生・対流総合対策交付金の共生・対流促進計画」事業にかかる日本セルプセンター「農と福祉の連携についての調査研究報告書」

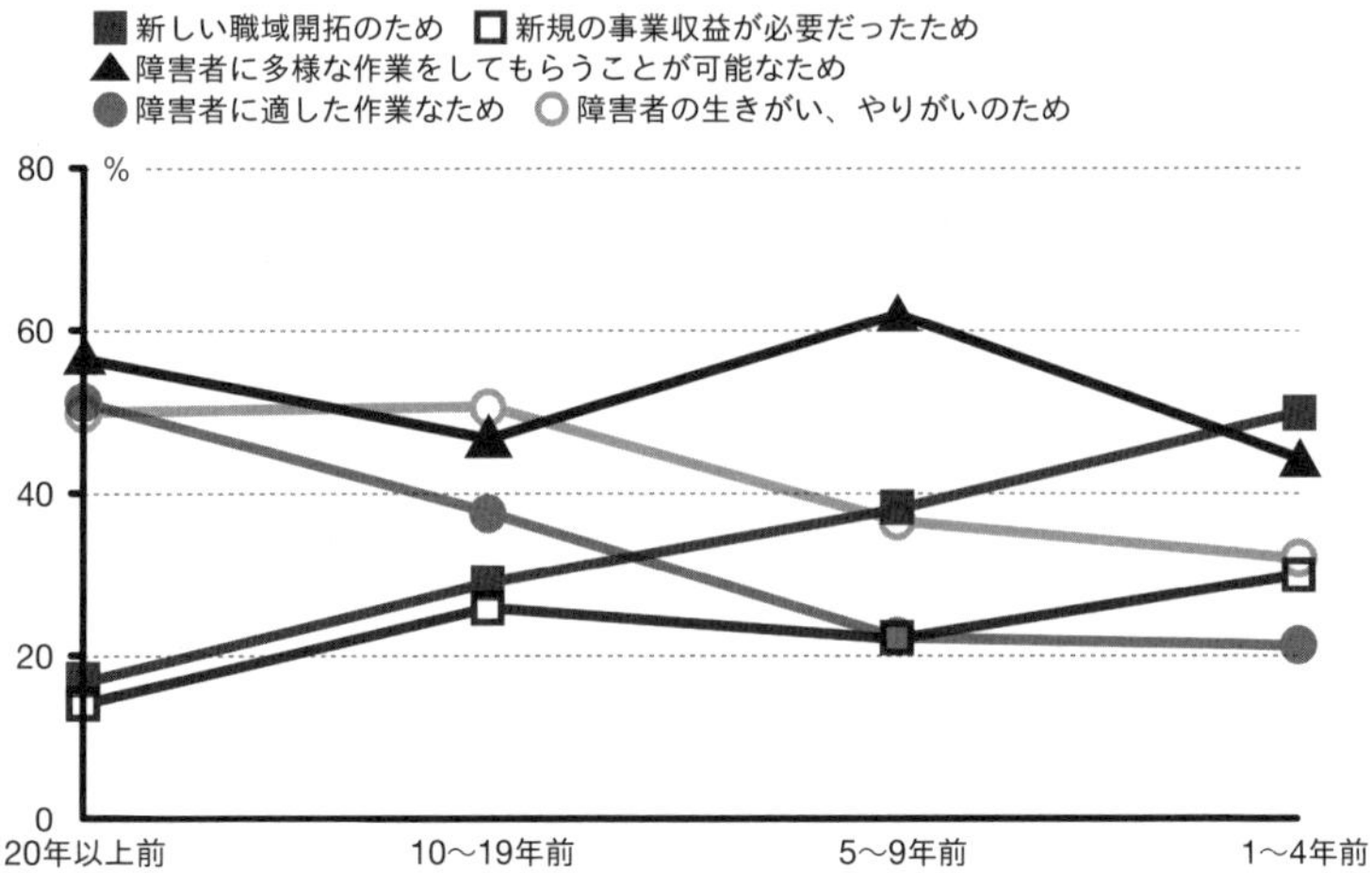

グラフ8　農業活動の当初の狙いと開始時期別のクロス集計結果

資料:同上

近年、増加してきているのは自家消費目的ではなく障がい者による販売目的の農業生産への関わりとなっている。障がい者が地域の外に出て農業生産者の農作業を手伝ったり、障がい者福祉事業所が農地そのものを預かり農地管理をする、事業所内の敷地内で販売のための農業生産を行うというものである。

つまり、障がい者が農地管理、食料生産の役割を担い、それが障がい者の就労訓練、就労の機会となっているのである。

障がい者が地域の農業の担い手の一つになっているのである。したがって、これからの農福連携は障がい者の農業分野での就労訓練および就労が大きな取り組みとなる。

2　行政による取り組み

さらに、農林水産省では二〇〇五年頃から新たなもう一つの担い手として障がい者の就労に着目し、調査研究やモデルづくり、マニュアルづくりにも取り組むようになった。こうした「芽」を育む取り組み施策に加え、より「点」を増やしていくために、一三年より福祉農園を整備するための交付金事業[*2]をスタートさせた。

この交付金はユニークなもので、事業所が農業生産だけでなく、加工、レストランの開設・運営に必要な機械、設備、人材育成にかかる費用にも利用できるものである。つまり地域農産物を用い障がい者の就労などに取り組めば、ハードとソフトの両方、さらにはレストランや料理場の什器や食品製造器械にも利用が可能となっている。

加えて、農山漁村地域では地域で協議会をつくれば、任意団体でも交付金の受け皿となることができるというものだ。

また地方自治体では香川県が独自に六年ほど前から障がい者福祉事業所の施設外就労として、地域の農家が困っている農作業を事業所が請負うためのマッチングを開始している。近年では、こうした動きは他県にも広がり、鳥取県、島根県、長野県、青森県などでも実施されている。最近では、岩手県の一部の圏域で地域の農家が生産した農産物を事業所が所有するこれまで稼働率のあまり高くなかった機械を利用して、加工するというマッチングの取り組みも始まっている。

3　園芸と福祉の関係にも新たな展開が――園芸療法と園芸福祉――

園芸療法は一九七〇年代半ばから、いろいろなグループや個人が取り組み、その内容は異なっていた。近年、それぞれが組織化する動きを見せている。

二〇〇八年には日本園芸療法学会が設立され、研究活動と三段階の「登録園芸療法士」の育成・認定・普及を進めている。同学会は園芸療法を「医療や福祉の領域で支援を必要とする人たち（療法的かかわりを要する人々）の幸福を、園芸を通して支援する活動」としている。この他に、日本園芸療法普及協会や日本園芸療法士協会などもあり、医師など医療関係者や作業療法士などの福祉関係者が取り組んでいる。

兵庫県立淡路景観園芸学校が二〇〇二年に「園芸療法課程」を設置し、園芸療法士を育成している。〇六年には東京農業大学が「バイオセラピー学科」を新設し、卒業または修了すれば学会が認定する「認定登録園芸療法士」「専門認定登録園芸療法士」の受験資格を得ることができるようにしている。

そして特定非営利活動法人（NPO法人）日本園芸福祉普及協会が〇二年に設立された。同協会では「初級園芸福祉士」「園芸福祉士」を養成し園芸福祉の普及を図っている。これまでに二、〇〇〇人を超える資格取得者が福祉施設や病院、学校、幼稚園、保育園などで活動している。同協会は、園芸福祉を療法というよりは「花や野菜、果樹、その他の緑の栽培や育成、配植、交換・管理・運営、交流などを通じて、みんなで幸福になろうという思想であり、技術であり、運動であり、実践である」と定義している。つまり、園芸療法のような治療ではなく、レクリエーションや交流、地域づくりなどを目指すというように園芸の目的の幅を広げている。園芸と福祉の新たな関係が地域の活性化にも繋がりつつある。

4　いろいろな人々の想いと繋がり

これらの取り組みは、時代の流れに沿って起きてきている側面もあるが、その裏には関わる人々の想いがあった。それは、障がい者と共に生きる親類が数多くいたという背景がある。前述したように七八八万人の障がい者の背後にはその倍以上の親類がいるのである。

実際に障がい者を家族に持ち、この取り組みを主導する行政担当者、障がい者を受け入れている農業生産者の話を聞くと、「自分がもしいなくなったらこの子たちはどうなるのか不安でたまりません」という言葉が返ってくることが多い。また障がい者が親類にいなくても素直に「この子たちをなんとかしたい」という人も多い。そして「だけどどうしたらいいか分からないんです」という声も多くあった。

そうしたとき、一つの方向性としてたまたま見えてきたのが農業、そしてその六次産業化であった。最初は「障がい者にもこんなことができるの？」と思うことも多いが、身近なところでの取り組みや新聞・雑誌・ネットや講演会などで、その姿を見聞きしていくうちに、「実際に農業やっている！すごいね！　できるんじゃないか！」と思うようになっていく。

しかし一方で、事業所の職員からも「今の仕事が忙しくてとても新しいことはできない」「農業なんてやったことないし、自然を相手にするのは難しいのでは」などという声がよく聞かれるのも事実である。

「でも、こんな風に障がい者が地域の農家を助けることができるんですよ」「それが障がい者の方々の賃金に繋がり、地域の方々が障がい者を理解してくれるようになるんですよ」と説明すると、少しだけオモシロイと思うようになる。そうして頭の中に「農福連携」という言葉が残っていく。そしてあるとき、再び農福連携にかかわる他の人や情報との出会いがあり、あるいは他の事業所が取り組みはじめるのを見て、「自分のところでもやってみようか」という気持ちになる。

そうなると事業所の職員は、「農業資材を買うような補助金はないか」「農業技術をどうやって学んだらいいのだろう」「作ったものをどのように販売していけばいいのだろう」というようにポジティブに考えはじめることになる。

そのとき、農福連携をすすめる県や農家などとの偶然の出会いがあったり、あるいは「自分の事業所や親類のなかに農業をやっている人間がいるのではないか」と探しはじめるようになる。そのように考え行動を開始すると、不思議なことに、小さな機械や土地をタダで貸してもらえたり、そしてボランティアで農業技術を教えてもらえることも多い。

そしてあとは、実際に「農業をやってみる」ということになる。

反対に受け入れる側の農業生産者についてみていくと、障がい者がいる家族の場合は、「農福連携」の情報を知っただけで、すぐに行動する者もいる。たとえば、特別支援学校の生徒を受け入れたり、土地を貸したり、機械を貸したり、農業技術を教えたり、農業に関するいろいろな情報を教えたり、仲介したりさまざまである。しかし、全く障がい者と関係のない農業関係者は、「障がい者に農業なんて無理じゃないの」「少しくらいならできるのかも」と思うことが多い。だが、一度障がい者が農業をしている姿を見たり、一緒に作業をしてみると、「あれ！　できる」「しかも、障がい者と一緒に働くとなにかよさそうだ」と思うようになることが多い。

ある県での話であるが、地域の生産部会のある農家の農場において、事業所の障がい者が初めて作業をすることになった。そこへ見学に来ていた部会の他のメンバーが、障がい者の働く姿を見ると、すぐに携帯電話で他のメンバーへ連絡をはじめた。「すぐに見学に来るように。障がい者は力になる」という電話であった。数日のうちに事業所といくつもの農家の間で農作業受委託が結ばれることになった。

最初のきっかけは、県による働きかけであったり、たまたま知っただけかも知れないが、その小さな「点」が波を引き起こしているのだ。

＊1　農福連携という言葉は、二〇一〇年一月鳥取県において事業所が農家などから作業を請負う農業と福祉の連携モデル事業のためのプロジェクトチームが発足し、「鳥取発！農福連携事業」名に用いられている。また一二年『週刊農林』の特集「農業戦力を考える〜障がい者農業の可能性〜」のなかにも出てきている。さらに書籍のタイトルとして一三年発行の近藤龍良編著『農福連携による障がい者就農』（創森社）に用いられている。一〇年頃には農林水産省農林水産政策研究所において「農村活性化プロジェクト研究農福連携研究チーム」という名称のチームが発足し、一一年玉野市で「農福連携と地域間交流による地域活性化の可能性」というテーマで研修会が開催された。いずれも障がい者の農業分野での就農についてのものだ。

＊2　「都市農村共生・対流総合対策交付金」（農山漁村地域等の都市計画区域外を対象）および「「農」ある暮らしづくり交付金」（都市地域等の都市計画区域を対象）。後者は一五年度より「都市農業機能発揮対策事業」に発展的に解消され、都市農業機能の発揮と福祉農園の整備を目指す。

香川県における取り組み

香川県では障がい者福祉事業所がニンニク農家より作業受託をしており、高齢化や後継者不足により人手が不足している農家の担い手として障がい者が農業に従事している。それでも農家戸数は減っているが、実は一戸当たりの農家の栽培面積が拡大し、農業収入も増加している。それを実現しているのは障がい者、障がい者福祉事業所である。農家は一・二―一・三倍の規模拡大を実現できたそうである。香川県は県として事業所と農家の作業受委託についてマッチングをすすめた結果（実際にマッチングを行ったのは県から委託を受けたＮＰＯ法人香川県社会就労センター協議会）、現在では、農家の作業請負ニーズに事業所が追いつかない状況になっている。

3　農生業とは何か

1「農の福祉力」

これまで述べてきたように、私は障がい者と農業が結びつくことで相互にメリットがあると考えている。農業で働く人々が減るなかで、障がい者の新たな雇用の機会が生まれてくるのではないかということである。農業は障がい者にとって、実は普通の職場より働きやすい環境といえる。障がい者の好みにもよるが、密室のなかでノルマを課せられる職場よりも自然と向き合う農業は働きやすい傾向にある。もちろん自然が好きでない障がい者もいる。

「農」は就労の機会だけでなく、就労訓練の機会、リハビリテーションという治療の機会をつくる。さらには癒す機会、健康づくりの機会、生きがいづくりの機会などを提供する。逆に農業サイドからみると、障がい者が新しい担い手、新しい定住者、あるいは新しく交流する人になり、お互いにメリットがあると考えられる。

農や福祉について考え、人間と自然との共生や人間同士の関係のあり方を探っていくなかで、私たち人間の本来あるべき生き方というものがこの二つのなかに提示されていることが明らかになっている。農には、障がいを持つ人々を受け入れる力があり、私はそれを「農の福祉力」と呼んでいる。それは作ることであったり、食べることであったり、その場にいることによって、癒しや健康づくりなどの効果をもたらす力である。この農の福祉力によって、農はいろいろなサービスを生み出すことが可能となる。

また農と福祉にかかわる産業分野として、農業、レジャー産業、教育、医療、福祉があげられる。そしてこれらを複合した新しい産業形態というものが考えられる。

2 農生業

これまでの農業は、主として農産物（モノ）を生産し提供することがその役割であり、それが結果として農業生産者の所得となり地域経済を支えてきた。

しかし、「農の福祉力」というものをベースに農業の役割をみていくと、サービスの提供という新たな役割を担うことが可能となる。サービスを提供することによりその対価を得るというものだ。

そこでモノ＋サービスを提供し、その対価を得る業を「農生業[*1]（のうせいぎょう）」と呼ぶこととする。

「農」は多様な価値を提供することができるのだ。これまでの「つくる」という行為だけでなく、ここに「ふれる、つかう」という行為が加わることになる。

たとえば、農業生産者が厚生労働省の障害福祉サービス事業として障がい者就労訓練の一環である就労移行支援事業を実施し、障がい者を二年間農業で訓練して、その対価を得ても良い。また古

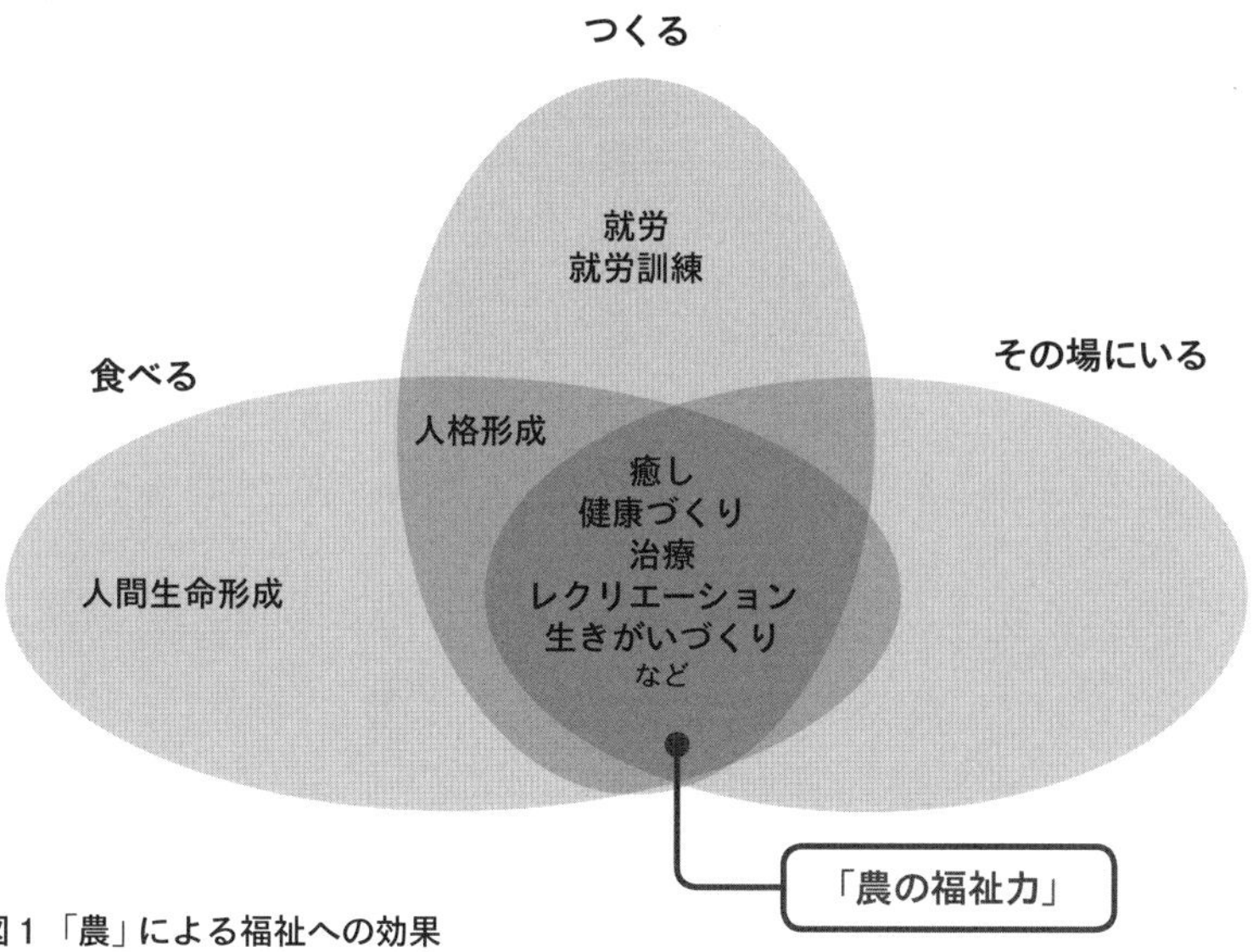

図１「農」による福祉への効果

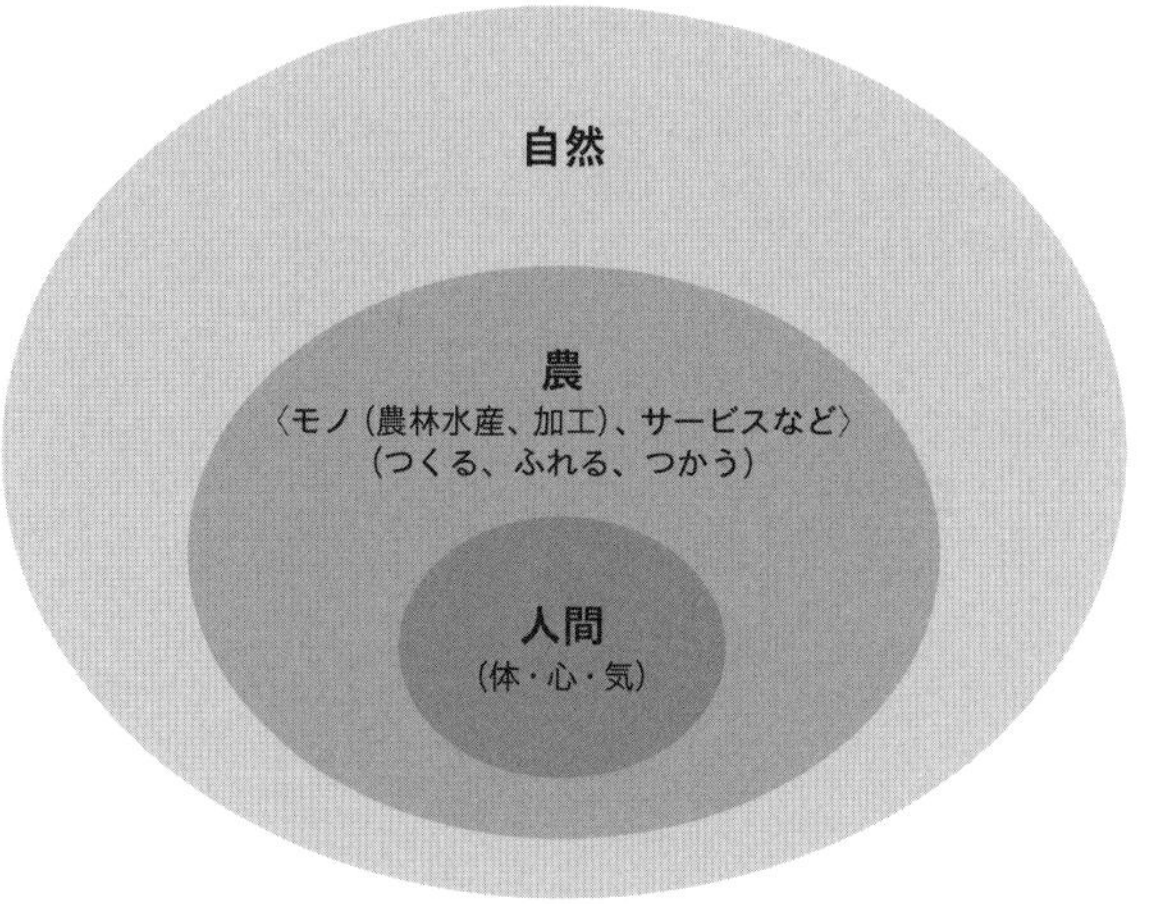

図２　農生概念のイメージ

民家を改装し、六五歳以上の要介護認定者を対象とした通所介護事業を行い、そのなかでレクリエーションとして農業生産や食品の調理をしてもらうというのも良いであろう。あるいは、学校教育のサービスとしての農作業体験を行政より受託し提供するというのも良いであろう。

つまり農生業は①レクリエーション、②治療、③癒し、④健康づくり、⑤生きがいづくり、⑥文化形成（芸術含む）、⑦教育、⑧観光といった価値、サービスを提供できるのだ。こういった新しい農生業を営む農業生産者が増え、生産者・地域に新たな収入が増えることで、これまでの農業や農村は新たな存在価値を示すことが可能となる。

3「農」のあるマチづくり

「農」には福祉力がある。実は、単に「農」は業という世界がもたらすサービス、価値だけではない。「ふれる、たべる」という行為を通して「農」のある場所、食のある場所を含むのでもある。つまり「農」は、農地のある農山漁村にあり、食のある都市にもある。この「農」を私たちの生活のなかに、今日的にもう一度埋め戻す作業が必要となっているといえる。

それが「農」のあるキズナ・マチづくりである。今までの既成概念を超えた世界となる。それが「里マチ」であり、そこでの繋がりがキズナとなる。

マチの概念は、これまでの「ムラ」「都道府県」「市区町村」である必要はなく、そしてキズナはこれまでの「イエ」「ムラ」のコミュニティである必要もない。

マチというのは食料、エネルギー、木材、水、人などの「いのち」が循環し、そこに人間関係を含む多様な「いのち」の繋がり（キズナ）があるという社会である。人間同士の家族間のキズナ、友人同士のキズナ、地域でのキズナ、会社・学校でのキズナ、共感によるキズナがあり、多様な人々が互いを尊重し、それぞれが役割を果たせる関係をもつ。そして多様な人間が共生、共創することができるようにする。さらに、ここに自然との持続的なキズナを結ぶようにすることが必要となる。

つまり「農」は実は単に食料生産だけでなく、人間が自然に働きかける行為、つまり林業、漁業などを含んだ自然との関係を指す。この自然とのキズナをどれだけ多様なものにすることができるのかということである。

「農」のあるマチというのは、多様な人々が多様な自然との関係（キズナ）によってつくる社会をいう。

＊1　濱田健司「農業と福祉から見える「農生」の思想と新たな取組へ」『農村と都市をむすぶ』（七二八号、二〇一二年六月、七―一五頁、農村と都市を結ぶ編集部）

スウェーデンにおける取り組み

スウェーデンでは自然環境、家畜飼育、農産物生産などを通じて障がい者や受刑者などのケア、就労訓練をする「グリーンケア」という取り組みが行われている。

スウェーデンにおいて比較的小規模な農家は、農産物の生産・販売を行うほかに、観光農園やレストラン、宿泊施設を経営するなどして生計を立てている。

ユニークなのは、それに加えてグリーンケアプログラムという障がい者や受刑者などのためのケアや就労訓練プログラムを提供していることである。つまり、日本で言う「障害福祉サービス」や「介護保険サービス」を、農家が提供しているのである。

「農の福祉力」を活用して、農家がケアや就労訓練を目的としたプログラムを提供し、コミューン（市町村）が施設や土地、資材、光熱費などの利用料金や人件費を農家に支払う。さらにコミューンが農家から、そのケアプログラムを購入するというものだ。

ストックホルム市から車で二時間半ほど南下した農村地域にモタラ市という街がある。市では六年前から農家の経営する「フーグヴィ農場」に委託（市がケアプログラムを購入）し、ケアに取り組んでいる。

農家は一七世紀より農業を営み、農地六五ヘクタール、森林一五〇ヘクタールを所有している。日本では大規模農家といえるが、スウェーデンでは小規模な方だという。

農場のエントランス

農家レストラン＆貸し会議室＆スパの併設された施設

農家レストラン

障がい者のワークショップ

羊の飼育

燃料となるチップ

近年、海外から安価な農産物が流入し、この規模でも農業継続が困難となっている。そのため現在、貸し会議室＋レストラン＋宿泊施設＋スパ（温泉）を運営し、さらにグリーンケアプログラムを提供するようになっている。

日本でいう知的障がい者や精神障がい者一五人が農場を利用し、農場主トーマス氏に加え、市が雇用し派遣する職員二人とともに、①羊、ポニー、ウサギなどの飼育②除雪作業や環境美化③芸術活動④生活訓練などを行っている。

障がい者にとっては、自然のなかでの営みを通して自立を目指した生活訓練や就労訓練を受ける、大変良い機会になっているという。一方で、農場にとっては新たな収入の機会となり、市にとっては福祉サービスを提供する機会になっている。

現在、スウェーデン全体ではさまざまなタイプのグリーンケアが三〇〇か所ほどで取り組まれ、農業庁（日本の農林水産省に相当）と農業者連盟（日本のＪＡに相当）がこの取り組みを推進している。

ここに「農」が新たな価値を生み出し、新たな役割を果たす可能性を見出すことができる。「農」がモノを提供するだけでなく、園芸療法、園芸福祉、就労訓練などのサービスを提供してその対価を得る「農生業」への可能性が見出される。

また、農業生産だけでなく、農産物の加工を行ったり、飲食や宿泊などのサービス業も行っている。これは農商工連携であり、ここに「福」が加わる「農福商工連携」の展開をみることもできる。詳細については、６章で紹介する。

4　地域に生きる農福連携

いろいろな取り組み

本章では農村や都市で生まれ広がる農福連携、そして農福商工連携の実際の取り組みについて紹介する。

都市農業の新たな可能性——白石農園（東京・練馬区）

都市地域で専業農業を営んでいる東京都練馬区大泉町の白石農園は、農産物の生産・販売だけではなく、子供達や消費者、そして地域住民を対象に〝農を通じた勉強の場〟として、特定非営利活動法人（ＮＰＯ法人）「畑の教室」を運営している。

また、早い時期から「大泉　風のがっこう」というネーミングで、体験農園にも取り組んでいる。農家は農園利用者に農業資材を提供し、栽培技術を指導し、一方、利用者は自らが栽培・収穫して農産物を得るというものである。そして、農家レストラン「Ｌａ毛利」を畑の横に開設している。

農園の様子（左側が体験農園）

鶏の平飼い

農園の農地面積は合計一・四ヘクタールで、そのうち〇・六ヘクタールが体験農園用となっている。販売用の農産物生産は残り〇・八ヘクタールで行っている。

また、農園では一九九八年から、毎年二、三人の精神障がい者を受け入れている。東京都が行っている「精神障害者社会適応訓練事業」における協力事業所の認定を受け、統合失調症や躁うつ病、発達障がいなどを持つ障がい者の就労訓練をしている。

障がい者を受け入れると、都から農園（協力事業所）に一人当たり一日三、四六五円が支給され、そのなかから障がい者（訓練生）には一日当たり一、一〇〇円が訓練手当として支払われる。現在、農園は同事業を修了した障がい者二人を、仕事が見つかるまで一時的にアルバイトなどとして雇用している。そのなかには数年にわたり農園で働く者もいる。

障がい者が取り組む作業は、種まきや草取

農家レストラン「La毛利」

り、収穫、運搬など、さまざまである。農園に来た当初は一時間も農作業ができなかった者が、数か月すると四時間以上働けるようになったり、さらには週四日働けるようになったりしている。

障がい者は農作業に従事して汗を流すことで、それまで昼夜逆転していた身体のリズムが元に戻り、肉体的な疲れからぐっすり眠ることができるようになり、薬の量も減るという効果がみられるという。

精神障がい者は「日々の安定した勤務が難しい」と言われている。しかし、訓練事業を通じて農家との間で相互理解が深まり、農業と農作業に慣れることで、安定した就労が可能となっているのである。

白石農園は、レクリエーションとしての体験農園、そしてケア&就労訓練としての障がい者支援に取り組んでいる。単に、農産物を生産し提供するのではなく、サービスとして「農」を提供している。小規模な家族経営ではあるが、既存の農家より高い農業所得を実現している。これはまさに「農生業」の取り組みといえよう。

人工的な環境に囲まれたなかで多くの人々が住む都市、あるいは都市近郊にある都市農業だからこそ、提供しやすい新たな「農」の価値といえるであろう。

（日本農業新聞（二〇一四年九月一三日付）掲載コラム「農福連携　高まる期待⑪」に加筆。）

白石農園　〒178-0062 東京都練馬区大泉町1-54　URL／http://shiraishifarm.jp　農園主／白石好孝

季刊誌『コトノネ』より

取材・写真・文『コトノネ』編集部

季刊誌『コトノネ』　障害者の就労をテーマにした季刊誌。二〇一二年一月に創刊。発行は株式会社はたらくよろこびデザイン室。農福連携の事例紹介シリーズ「農と生きる障害者」「自然栽培パーティ」などをシリーズ展開。

障害者雇用でユニバーサル農業へ

京丸園株式会社（静岡・浜松市）

今回は、「農業のプロ」が、いかに障害者を取り込み、自らの武器へと変えていったかを見ていきたい。

静岡県浜松市で水耕栽培を営む「京丸園株式会社」。

園主の鈴木厚志さんは、障害者と出会うことで、自ら築いてきた農業のやり方を変えた。そしていまでは、それを日本中に広げようとしている。

障害者に合わせて生まれた野菜

がらがらと引き戸を開けて中に入ると、そこには一面の緑。外からの強い日差しがハウスのビニールでやわらげられ、ハウスの中の光はやさしい。新幹線がすぐ横を通っているが、中は静か。その静けさの中に、かすかに水が流れる音がする。水耕栽培施設を見る機会はあっても、これだけの大きさのハウスを見ることはあまりない。しかも同規模の施設が、ここだけでなくあと四カ所あるのだと聞いて、さらに驚いた。

静岡県下でも有数の規模を誇る水耕栽培農園「京丸園株式会社」。みつばや芽ねぎ、チンゲン菜などを一年通じて生産している。京丸園では一九九四年から、毎年一人の障害者を雇用し続け、いまでは二〇名の障害者が働く。園主の鈴木厚志さんは、目の前の緑を示しながら、「これは彼ら障害者がいたからこそ生まれた商品なんですよ」と言う。それが「姫ちんげん」だ。京丸園が独自に開発した、全長一二センチほどの小さなチンゲン菜は、汁の実や料理のいろどりとしてレストランで使われる高級野菜。単価も普通のチンゲン菜よりも高

い。「このサイズのチンゲン菜を一日二万本出荷できるのは、全国でも、うちだけだと思います」と鈴木さんも自慢げだ。

「姫ちんげん」の栽培がはじまったのは、一〇年前（二〇〇五年）。京丸園の障害者雇用も軌道に乗りはじめたころで、鈴木さんは、障害者だけでつくれる野菜を探していた。「それまでつくっていたみつばとねぎは、ゴミをとったり、長さをそろえたりといった調整作業が必要で、それが障害者には難しかった」。比較的簡単なのがチンゲン菜だった。チンゲン菜でどう勝負するか、どうすれば売ることができるのか。考えた末に、ミニチンゲン菜という発想に至り、開発したのが「姫ちんげん」だ。「本当だったら売れる商品をつくるというのが正しいんでしょうけど、『姫ちんげん』の場合は逆に『人』からスタートしているんです」。いまでは「姫ちんげん」の売り上げは年間六五〇〇万円にまで達しているという。京丸園を支える柱の商品の一つにまで成長した。

給料はいらないから、働かせて

鈴木さんは、父親の代からの農家だ。水耕栽培をはじめたのはかなり早く、四〇年ほど前のこと。「それまではバラ農園をやっていたんです」。ところがある年、バラに連作障害が出た。同じ作物をつくり続けると収穫量が減ってしまうのが連作障害。こうなってしまうと、別の作物に転換しなくてはならない。「いままで積み重ねてきた技術やノウハウが、ゼロに戻ってしまう」。

連作障害に陥ることなく、技術をしっかり継承し、高められるような栽培方法はないのか、と探していた鈴木さんの父親が出会ったのが、水耕栽培。当時静岡県で水耕栽培をやっている農家は、なかった。「設備投資など、リスクも大きかったと思いますけど、親父もチャレンジャーですよね」。水耕栽培のパイオニアとしての父親の姿を若いころから見ていた鈴木さんは、新しいことにチャレンジするのは、当たり前のことだと思っていた。

だから父親から農園を継いで、自分の代になったとき、それまで学んできた農業経営を生かして、新しいことにチャレンジしたい、という思いが鈴木さんにはあった。時期を同じくして、鈴木さんは障害者と出会う。その二つが、重なり合った。

「それまでも、求人を出すと、時々、障害者が応募してきていたんです」。親が、雇ってくれないかと相談に来るのを、以前の鈴木さんは断っていた。「お母さんが、わたしもいっしょに働くから、ここで働かせてほしい、と言うんです」。鈴木さんがそれでも断ると、時にはさらに食い下がってきて、「給料はいらないから働かせてくれ」と言ってくることもあった。当時三〇歳、働くことは給料を稼ぐことだと思ってきた鈴木さんには、その意味がわからなかった。「おかしなことを言う人たちだな、と思っていたら、福祉施設の友達が、そのお母さんの気持ち、わかるなあ、って」。

障害者の力を借りて自分の農業を変えたい

どういう意味なの、と聞くと、その友達は、「お母さんは、たとえ障害を持っていても、自分の子どもが役に立つ場所がきっとあるんじゃないか、と探しているんじゃないかな」と言う。それを聞いて、鈴木さんは「働くことをそんなふうに考えたことがなかったので、恥ずかしくなっちゃって」。

少し考えを変えた鈴木さん、最初はボランティアのつもりで、障害者を雇い入れてみることにした。「障害者を雇ったら、パートさんがいっしょに働きたくないって抵抗するか、障害者がいじめられるか、どっちかの問題が起こりそうな予感がして、怖かったんですけど」。鈴木さんは、そうなったときの言い訳や対応策まで考えて、やってみることにした。

雇ってみたら、その二つの懸念は当たらなかった。「パートさんたちが彼らをサポートしてくれるという、予想もしなかったことが起きて」。職場の

みんなが、障害者を応援してくれた。「つまり、みんなやさしくなったんです（笑）」。やさしくなったら、職場の雰囲気もよくなった。その結果、作業効率が上がったと言う。「農業って手作業が多いですから、気分というか、雰囲気で作業の効率って全然変わるんですよ。僕らだって、ケンカしながら作業しても能率は上がりませんから」。

障害者を受け入れることで、結果的に生産性が上がるとは予想もしていなかった鈴木さん。会社全体のパフォーマンスを高めることができた。これはこれからの農業にとっての、カギになるんじゃないか、と考えた。「それで、ボランティアっていう言葉を忘れて、ちゃんとビジネスパートナーとして彼らを迎え入れようと決めて」。

一年に一人ずつだが、定期的に障害者を雇用することにした。「そうすることで、自分たちの農園が変われそうな気がした」。

ユニバーサル農業で家族経営からも脱皮

鈴木さんが「変われそうな」と言ったのには、背景がある。「当時の農園は、家族経営の延長線上で、限界が来ていた。休みもなく三六五日みんながフルで働いて、夜中の一二時まで、なんていう日もザラで。それでも売り上げは頭打ちで。農園がギスギスしていました」。そんな状況の中で、どういう変化をもたらせるか。ちょうど三〇歳、父親から農園経営を引き継ぐ時期だった。「経営の勉強をはじめたのと、障害を持った人たちとの出会いがちょうどいっしょで。じゃあ、彼らの力を借りて自分たちの農業を変えていくことを、自分のスタイルにしよう、と」。

農園の経営を引き継いだときは、年間の売り上げは六五〇〇万円くらい。農園の規模もいまよりずいぶん小さく、水耕栽培のハウスは一カ所しかなかった。それから二〇年、障害者を一年に一人ずつ雇用してきて、売上もいまでは二億九〇〇〇万円にまでなった。規模拡大に成功したのは、家族経営から抜け出し、法人化して「企業」として農園を経営することができるようになったからだ。「いままで自分たちがやってきた業務を一つひとつ見つめ直し、何をしているのかを体系化・可視化することで、誰でも農業に参画できるようにしました」。一部の人の経験や勘に頼っていた農業を、誰にでもできるようにすることで、障害者はもちろんのこと、鈴木さんをはじめとする「家族」以外の人にも業務を渡すことができるようになった。さらにそれぞれの業務がどれくらいの時間や作業量で完了するのかを可視化することで、コスト計算や効率化も可能になった。

こうした変化は、障害者と共に働くことで可能になった、と鈴木さんは言う。「彼らが、誰の助けも借りずに、一人で作業できるには、どうしたらいいのか。彼らを変えるのではなく、働く環境の方を変えていった結果、誰がやっても同じ結果が得られる農業をつくることができた」。たとえば、

チンゲン菜の定植。普通のやり方では、苗をまっすぐにさせない人もいる。だからといって、作業のあとで誰かがすべてをチェックして直す、というのでは意味がない。そこで鈴木さんは、定植の際に使う発泡スチロールの型に工夫をした。パレットの大きさに合わせた発泡スチロールの板に、いくつもの穴が開いていて、そこに苗を植えていくのだが、その穴を少しすり鉢状にすることで、誰がやってもまっすぐに苗を植えることができるような工夫をしたのだ。

障害者の目線ですべての作業工程を見直すことで、経験のあるなし、身体能力、年齢に関わらず、農業は誰にでも参画できるものに変えられる。鈴木さんはこれを「ユニバーサル農業」と呼んで、京丸園の経営の核に据えている。

農福や福福連携、さらに、企業も地域ごと

「ユニバーサル農業」の考え方を広げることで、鈴木さんはいま、地域や企業を巻き込んだ農業を展開しようとしている。

「姫ちんげん」をつくっているハウスを出て、道路を挟んだ向かい側の小さな建物へ。中では、大勢の人がチンゲン菜のパレットをハウスから運び込み、根を切り、さらに形をそろえ、袋に詰めたものを、出荷できるように箱詰めする作業をしている。大きな音はチンゲン菜の根を切る機械の動作音。運び込んでから箱詰めまでは、流れ作業のラインになっている。従事しているのは全員障害者だそうだが、よく見ると、帽子の色が二種類ある。京丸園では、伊藤忠テクノソリューションズ株式会社の特例子会社である、「株式会社ひなり」から障害者を受け入れている。正確には、京丸園が株式会社ひなりと作業請負契約を結び、業務の一部を委託するという形をとっている。

京丸園の施設を使って特例子会社が仕事を行う。法定雇用率を達成したい企業にとっても、働き手が欲しい京丸園にとってもメリットのある話だ。

「企業は、設備投資のリスクなく障害者を雇用できます」。

さらに鈴木さんは、「NPO法人しずおかユニバーサル園芸ネットワーク」を立ち上げ、静岡県下にこの動きを広げている。結果、県内で九つの農家が手を上げ、京丸園同様、作業請負契約の形で障害者の受け入れをしている。「農業は、障害者の仕事としてはとても有望なのですが、企業にとっても、福祉施設にとっても、設備投資がかかるというリスクがあります。一方で地域の農家は、高齢化・過疎化で後継者不足、働き手不足に悩まされている。そこをマッチングできれば、誰にとってもメリットのあるモデルがつくれる」。京丸園では、地元の就労継続支援B型から、施設外就労も受け入れている。企業と福祉と、地域の農業が連携できるモデル。それが可能なのも、誰もが農業に参画できる「ユニバーサル農業」の考え方があればこそだ。

これから全国に「ユニバーサル農業」の考え方を広げたい、という鈴木さん。「農家は、何もなければ自ら変わろうとはしないんですよ。僕も障害者と出会ったことで、変わることができた」と言う。全国の農家が障害者と出会い、日本の農業が変わる、そんな日を夢見ている。（写真：河野豊）

京丸園株式会社
〒435-0022　静岡県浜松市南区鶴見町380-1
TEL／053-425-4786　FAX／053-425-5033
URL／http://www. kyomaru. net/
園主／鈴木厚志

障害者は「ユニバーサル農業」のビジネスパートナー

濱田健司（JA共済総合研究所 主任研究員）

京丸園株式会社（以下、京丸園）は、農業分野における障害者雇用に早くから取り組んできました。一般に、規模の大きくない農家や農業法人では健常者の雇用でさえ難しい状況です。売上や労働生産性がなかなか上がらないためです。しかし京丸園は売上を伸ばしコストを削減し、農業経営のバランスを保ちながら、多くの障害者を雇用してきています。

京丸園は、①高付加価値な商品の選定、②障害者雇用をするための作業工程の見直しによるコスト削減、③障害者が作業しやすくかつコストを削減できる機器の開発、④コストのかかる育苗作業の外部委託、⑤JAを通した出荷ですが営業担当者の配置を行うなど、経営努力を積み重ねてきました。そして障害者福祉サービス事業ではなく、農業経営の中で障害者雇用を実現してきました。

それだけにとどまらず鈴木代表取締役は、農業分野における障害者就労のモデル・システムを、地域の福祉関係者・農業関係者・行政や企業などと連携し、試行錯誤し、つくってきました。それは農業ジョブコーチ制度の創設、農福連携の企画・調整等を行う中間組織（NPO法人しずおかユニバーサル園芸ネットワーク）の創設、特例子会社及び障害者福祉施設による農作業請負（かつては障害者派遣）試行実施等のほか、静岡県や浜松市との農福連携にかかる視察、研修・シンポジウムの開催など、研究や普及にも及んでいます。

これらの取り組みは障害者が福祉ではなく、農業という経営の中でビジネスパートナーとして当たり前のように働くことができる「ユニバーサル農業」の実現、それを日本中へ広げることへの挑戦と言えます。

オトナも、コドモも、障害者も、里山に集まれ

ソーシャルファーム長岡（栃木・宇都宮市）

宇都宮から車で二〇分の里山で

竹林の暗いトンネルを抜けると、すこん、と視界が開けた。思いのほか広い。丘陵の上に広がる野球場ほどの広さの空間。まず目につくのは畑、少し目を奥にやれば、果樹園。さらには、柵囲いの中でヤギが一頭、えさを食べている。高台にあるので、ほかの建物や山に視界をさえぎられることがない。まるで空の上に浮かんでいるかのような「隠れ里」の気分だ。畑では三人ほどが作業している。取材日は二〇一三年の年末。「冬ですから、たいしたものはとれませんが」と言いながら、三人でほうれん草とカブを収穫。その後ヤギにえさをやる。収穫した野菜を抱えて鼻歌交じりに山を下る。さあ、作業場で野菜を洗って、出荷の準備だ。

宇都宮の市街地から車で二〇分ほど、丘にはさまれた谷を縫って走る道路の突き当たりに「ソーシャルファーム長岡」はある。東には自然を活かした公園「うつのみや文化の森」、西にはカントリークラブ。都市と自然との間、里山の環境を活かして活動する就労継続支援B型施設だ。農業をベースに、露地ものの作物の生産・販売、食品加工などを主な事業としている。

「われわれが借り受けている里山は、二人の地主さんが持っているものです」。ソーシャルファーム

長岡の専務理事・田中義博さんは、二年前、この地で活動を開始した経緯を振り返る。「一人の地主さんがたまたまサラリーマンを辞めて農業をはじめられたことを聞きました」。もともとは農家の家系だが、ご本人にとっては五〇歳を過ぎての就農。広い面積がとれず、活用の難しい里山での農業は、いっそう難しい。「われわれと組んで障害者の農場という形をつくれれば、ビジネスとして成り立つ可能性がある」と持ちかけ、地主から土地をお借りし、地主はソーシャルファーム長岡の職員として自分の貸した土地を耕すこととなった。もう一人の地主も同様に自分の土地を貸与し、役員の立場でソーシャルファーム長岡の運営に関わっている。

里山をベースにあらゆる人を支援する

ではなぜ、二年前にこの地で障害者施設をはじめようと思ったのか。

「ソーシャルファーム長岡」の運営母体となる「企業組合とちぎ労働福祉事業団」は、一九九〇年の法人設立以来四半世紀にわたって、高齢者や障害者、就労困難者などさまざまな「生きづらさ」を抱えた人たちが地域の中で働き、暮らしていくための支援活動を行ってきた。この長岡地区では一九九五年に社会福祉法人を設立し、まず高齢者福祉施設「のん美里（のんびり）ホーム」を設立、ついで一九九八年に、無認可の保育園を統合する形で「ありんこ保育園」を開設した。とちぎ労働福祉事業団は、この里山で「福祉と協同の里構想」を実現しようとしていた。

「福祉と協同の里構想」とは、里山に福祉と労働を支援する施設を集約させたコミュニティをつくろうという試みだ。「将来的にはこのエリアを、福祉のさまざまな事業所ができるような場所にしていきたいという考え方があって。それが小さいデイサービスと保育園で止まっていたんです」。そうしたところ、土地を耕しはじめた人がいて、畑になりうる場所があると気づいた。そこで農業収入が得られるのであれば、農業を利用して、自立支援農場をつくってみたい。「アメリカには『ガーデン・プロジェクト』という取り組みがあって、受刑者や薬物依存者などが農業を通じてリフレッシュしながら、社会参加のトレーニングをし、社会に戻っていくんです。農業には人の心を豊かにするパワーがあると思います。そんなモデルづくりができないか、と思って」。実際には構想が先行し、実現はなかなか難しい、と田中さんは言う。しかしその構想の基本的な考え方を受けて「ソーシャルファーム長岡」は設立された。

子ども、高齢者、障害者と、さまざまな立場の人が集まり、時に支援を受けながらともに暮らしていくためのベースができた。その根底には「この里山の力を活かしたい」という思いがある。

子どもと障害者と高齢者が一緒に里山で暮らす

三施設は「里山」を中心としてゆるやかにつながっている。「ありんこ保育園」の子どもたちは、天気のいい朝にはソーシャルファーム長岡の事務所の庭先で遊び、時に里山に入って山の上まで散歩をする。子どもたちは里山の自然の中で遊びながら、たくましく育っていく。時折、そこで働く障害者とのふれあいもある。「のん美里ホーム」の利用者も、天気のいい日にはヤギを見に、里山に入るという。北欧で生まれ、自然の中で幼児教育を行う「森のようちえん」という取り組みが近年注目を集めているが、「ありんこ保育園」もそうした動きの中で教育に意識の高い親に人気があり、宇都宮市内をはじめ、広い範囲から園児を集めているという。

地元の企業とコラボレーション

農業も、里山の持つ力を活かした取り組みを行っている。主には露地ものの野菜中心だが、面白いところでは、春先に取れるタケノコがある。近くにあるレストラン「環坂（かんさか）」は、なかなか予約の取れない人気フレンチ店で宇都宮でも知る人ぞ知る存在だが、タケノコはソーシャルファーム長岡で採れたものを主に使っているという。「それもうちの山の、ある決まった場所から生えたタケノコでないとダメなんです」。

また一昨年（二〇一一年）から、地元で創業一五〇年以上になる老舗の味噌・漬物の蔵元「天志古（てしこ）商店」に、里山でとれた大根を数百本卸していると言う。「天志古商店さんは、『ビッグコミック』に連載の漫画で取り上げられたこともある、地元でも有名な蔵元です」。大根の一本漬けが一本一〇〇〇円〜一三〇〇円程度と、漬物としては高級品だ。特別に漬け込む商品の枠を提供してもら

っている。「三〇日～五〇日かけて、三〇〇本ほどを漬けていただきます」。今は露地ものが中心なので、冬場は売るものが少なくなってしまうが、一本漬けがあることで、大根づくり、皮むき作業、販売までの仕事をつくり出すことができる。「高級な商品なので、買っていただくのは大変ですが、普通に大根として売ったら一本五〇円とか一〇〇円にしかならないものが、一本一二〇〇円とかで売れる商品になる。とてもありがたいです」。天志古商店からは、ソーシャルファーム長岡の大根は、甘くていい大根と評価してもらっている。

果実の栽培や竹炭づくり
里山の多様な力を引き出す

ほかに販路としては「農産直売所みんなのあぜみち」という宇都宮で展開する農産物直売店各店舗。また近隣の高齢者施設の給食向けに厨房で使ってもらったり、あるいは、ありんこ保育園に卸している。最近では地元の中堅スーパー「かましん」でも、農産物直売コーナーの棚を借りての販売がはじまった。「納品して棚を管理することも、障害者の仕事になるんです」と田中さん。

里山で採れた果実を使ったジャムづくりも仕事にしている。里山ではブラックベリー、ガーデンハックルベリーなどベリー類を育て、収穫した果実はジャム工房に依頼し、障害者も作業に参加する形で加工してもらう。「以前は自分のところでつくっていらっしゃったのですが辞めてしまって。今はうちだけのために厨房を空けて対応してくれているんです」。

養蜂も、里山ならではの取り組みだ。「もともとは地主さんが養蜂をはじめたのがきっかけです」。里山に生えるさまざまな植物からできるハチミツを「ながおか蜜」として売り出している。「養蜂はミツバチが越冬できるかどうかに大きくかかっています。昨年はうまくいったけれど、今年は大丈夫か心配。でもうちの特色として大切にしています」と田中さん。

竹林を活用した竹炭づくりにもチャレンジした。こちらは震災の影響で炭窯が壊れてしまい中断中だが、これだけの竹林を放っておく手はない。「竹炭の活用法、商品開発の方向性も課題ですが、今後広げていきたいと思っています」。

今後は周辺地域の農家を対象に、農業支援も積極的に行っていきたいと言う。「就労支援の観点から言うと、周辺の農地がなくなっていくことは、就労先がなくなることを意味します。農業支援は、事業所にとっての仕事づくりであると同時に、利用者の将来的な就労先の確保という面もあるのです」。

里山の魅力をもっと外に広げる

農業や生産だけでなく、さらに里山の魅力をもっと広げようという取り組みがはじまっている。宇都宮市の企画会社が、子どもを対象とした自然

体験プログラムに、ソーシャルファーム長岡の里山を取り入れようとしているのだ。「里山には、私たちも思いつかないような活用の可能性がまだあるんだな、と感じます」と田中さんは言う。

「里山」の力を活用してさまざまな立場の人が暮らし、働くことのできる場づくり、さらには外に開かれた場所づくりを目指すソーシャルファーム長岡。今後こうした新しい魅力を持った里山は広がっていくのではないかと田中さんは考えている。「この周囲にも、同じような課題を抱えている地主さんもまだまだいらっしゃるはずです。そのままにしておいたら荒れてしまう農地を集めて経済的にも成り立たせ、里山の魅力を活かした事業を続けていきたいですね」。里山環境を維持することは地主にとってもメリットがあると言う。「やはり、今の社会状況を考えれば、里山は『純粋に食える土地』ではありません。いずれ農業を続けられなくなったり、手放さざるを得なくなってしまう懸念は、周辺の地主さんにもあると思います。代々

受け継いできた土地を手放すのではなく、私たちのような福祉の力を使ってもらって、一緒に里山の活性化をやろう、ということは十分ありえるのではないかと思っています」。

都市と里山を行き来するライフスタイル

ソーシャルファーム長岡の考えるライフスタイルは、都市と里山を行き来する、というものだ。「里山を農作業、農業に関連した仕事の場や、里山の魅力を活用したさまざまな活動の場と位置づけ、住む環境としては宇都宮の街中、というスタイルがいいのではないかと考えています」。

住まいは、社会インフラや支援の体制がしっかり取れる都市の中に、仕事や日中の活動は里山で。そのために宇都宮の街中にグループホームをつくる予定だ。街と里山の、いわばいいとこどり。宇都宮のように中規模で周辺に豊かな自然や里山の残る都市は全国にまだまだ存在する。ソーシャルファーム長岡の取り組みが成功し、全国に広がっていけば、里山を軸にした新たなライフスタイルが見えてくるのかもしれない。（写真：岸本剛）

一般社団法人ソーシャルファーム栃木
障害福祉サービス事業所　ソーシャルファーム長岡
〒320-0004 栃木県宇都宮市長岡町293
TEL／028-680-6612　FAX／028-680-6613
URL／http://www.socialfirmtochigi.org/
専務理事／田中義博
設立／二〇一二年一月一一日
業務／果物、蜂蜜、ベリー類等の農産物の生産および販売　農産物を原料とする食料品の加工・製造および販売

［**コメント**（濱田）］　ソーシャルファーム長岡は宇都宮市の都市地域から車で二〇分の里山にある。里山の農地や林などの資源を利用し、障がい者の特性に合うさまざまな働く場を生み出している。

また同じ団体の系列の高齢者福祉施設や保育園も里山でつながっており、子供・高齢者・障がい者が集う場を里山につくっている。働く場を里山に

し、住む場を都市地域にすることを目指している。

ここでは施設が、未利用であった里山の価値を引き出し、多様な人々が働くことができる、また関わることができる場を農を基盤に展開している。

日本の「こまった」よ、どーんとこい

社会福祉法人　優輝福祉会（広島・庄原市）

里山の「こまった」は、仕事の生る木

「白菜ができすぎてしまって…」。

社会福祉法人優輝福祉会のコージーガーデンの朝は、近隣の農家からの電話で始まる。

優輝福祉会は、広島県の北部庄原市を中心に、高齢者と障害者の施設、それに子どもの保育園まで運営している。そのひとつ、公園のような敷地のコージーガーデンでは、パン屋、レストラン、保育園、三つの建物が並んで建っている。建物の裏は、もうひとつ重要な業務の基地になっている。近隣の農家から野菜などを調達して、優輝福祉会の運営する各施設の食材として配達する仕事だ。

庄原市は、日本の典型的な里山。一九七〇年代、六万人強だった人口は減り続け、現在、約四万人弱。六〇歳以上の高齢者の割合も全国平均を大き

く超えていて、超高齢社会の日本の先を走る里山だ。

しかし、里山のお年寄りは、元気だ。八〇歳を過ぎても、まだまだからだが動く。家でじっとしていると、からだが鈍るし、畑も荒れるから、自然と畑仕事に精を出す。そこまではいい。問題は、消費よりも、実りがたくさんあることだ。

八〇歳代ともなれば、老夫婦の二人暮らしか、どちらかに先立たれて、一人暮らし。たくさん実っても、とても食べきれない。売りたくても、ふぞろいで選別から外された野菜や、できすぎて収穫が間に合わない野菜など、捨てたり、腐らせることがあった。それではもったいない、と二年前から優輝福祉会では、農家からの直接買い付けをはじめた。

職員が近所の農家に声をかけたり、チラシを配ったり、産直市で呼びかけたりして、野菜を譲ってくれる農家は、今では二〇〇軒を超える。

『もったいない』、『こまった』は、里山の二大資源です」と、優輝福祉会を束ねる理事長の熊原保さんは笑う。「それを、仕事に結びつけるのが、優輝福祉会の得意技です」。

集荷も配達も、障害者の仕事

元気といっても、歳をとると急にひざや腰の調子が悪くなる時もある。畑に出られない。せっかく育った野菜が収穫のタイミングを外してしまう。それが、毎朝の「持っていって」の電話になる。

スタッフと障害者が組になって集荷に出る。障害者は補助ではない。車の運転だってできる。倉岡亮二さんが、車を走らせる。通勤も車。その時は、景気づけに歌が出る。好きな曲は、と聞くと、「EXILEのRising Sun」と、ニコニコ顔。東日本大震災の被災地復興を支援するチャリティーソングだ。いい曲だね、歌ってと言うと、「一人のときに歌うんだ」と断られた。そんなこと言わないで、と頼むと、ちょっと横向いて「so, Rising

Sun 陽はまたのぼってゆく so, Rising Sun 夜明けはそばに来てる」と、歌いだしてくれた。いい声だね、と言うと、「決してあきらめないと誓おう」で、突然、歌は終わった。畑の集荷場に着いていた。

収穫済みの白菜が二箱あった。すぐライトバンに積み込み完了。

「キャベツもいいのができたから、持って帰る?」と、声がかかった。八〇歳を超える方らしい。お年寄りと呼んでもいいとは思うけれど、気が引けるぐらいに若々しい。動作も機敏。倉岡さんといっしょに、収穫して、車まで運んでくれた。結局、この追加のキャベツは、お金を払わずに帰ってきた。

「もらってもらわなきゃ、捨てるだけだから。人の口に入るだけでも、うれしい」。お金だけど、お金じゃない、気持ちなんだ。お金の姿をした気持ちが、里山中をグルグル回る。

「じゃ、またランチに来てよ」と言って、畑を後

にする。コージーガーデンのレストランはランチを楽しめる。「明日また、行くね」。お金と会話で、気持ちが里山をグルグルめぐる。

野菜のお代は、地域通貨で払う

　お金といっても、われわれが馴染んだ通貨ではない。あくまでも、優輝福祉会の運営する施設で使える地域通貨「結愛通貨」。コージーガーデンにあるレストラン、パン屋で使う人が多い。

　最初、農家の人はタダでいい、と言ってくれた。けれど、熊原さんは、お金を払うことにこだわった。「やはりタダだと、達成感がないじゃないですか。せっかく野菜が実った、よかった…。その気持ちを肌で感じてもらいたい。金額の大きさではなくて」。善意だけに甘えては長続きもしない。熊原さんは、一計を案じて、地域通貨を発行することにした。

「結愛通貨」は二種、一〇〇〇円と一〇〇円があ

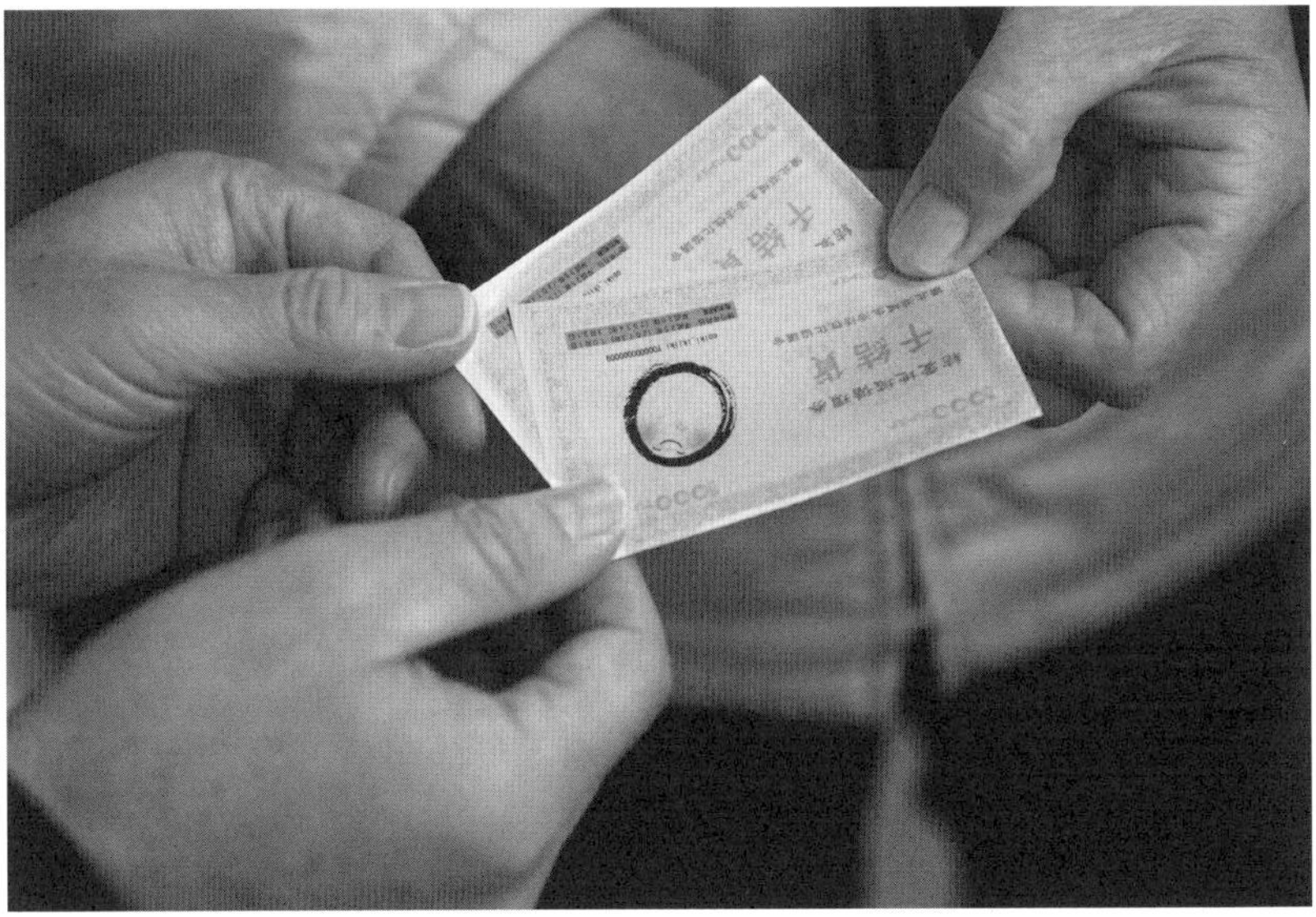

る。野菜を引き取るとき、この「結愛通貨」で払う。タダでもらえば、「ありがとうございます」と言って、感謝するだけの一方的な関係。しかし、「結愛通貨」で、レストランに来てくれたり、パンを買ってくれれば、関係がつながり、太くなる。熊原さんのもうひとつの狙いは、そこにあった。

お年寄りと優輝福祉会との間に、日常的な付き合いが生まれた。「障害者とも接してもらえる。日常になれば、親しみが増し、違和感は自然と消えていく」。熊原さんの狙い通りになった。

障害者の幸せづくりは、地域の元気づくり

優輝福祉会は、職員三〇〇人、障害者一五〇人、高齢者五〇〇人。運営費は年間一三億円。食材費だけでも、一億数千万円かかる。この費用が、今まで、食材の宝庫・里山にありながら、ほとんど県外から調達していた。もったいない。今では、地元の食材で、四〇%をまかなえるようになった。

捨てられていたものが、食材に代わる。「お金が地域の外に出ていかない。地元に落ちて地元を潤す。地域を豊かにするんです」。庄原市やお隣の三次市を巻き込んだ地域通貨にしようと活動したけれど、地域の企業や商店の団体は乗ってこなかった。仕方がないから、優輝福祉会だけの地域通貨としてスタートしたけれど、最近、木の駅プロジェクト※でも地域通貨を採用する動きが出てきた。実現したら、「結愛通貨」は止めて、その通貨に合流する、と言う。「別に、こっちが先にはじめたからとか、反対されたからと言ってこだわらない。地域が豊かになればいいですから」。

里山・庄原では、福祉施設は、支援されるだけの団体ではない。「地域に喜んでもらえる、地域の人みんなを幸せにする」組織を、熊原さんは目指している。

団地開発にも乗り出した地域経済の核になる

優輝福祉会の高齢者と障害者の施設「ゆうしゃいん庄原」は、住宅団地の中にある。造成をすっかり終え、きれいな宅地になっているのに、まだ家はまばら。「魅力づくりが足らないから」と、熊原さんが企画開発に加わった。

優輝福祉会の運営費は一三億円と前述した。この金額の大きさを実感するために、庄原市内の企業の売上と比較してみたい。

庄原市の企業一〇傑のデータをネットで拾うと、一〇位まですべて建設・設備関係の企業。製造業もサービス業も顔を出さない。トップは、売上五〇億円強。六位が一五億円、七位一二億円。優輝福祉会の運営費を売上としてみれば、七位に位置する。庄原市の地域経済の中核を担える規模なのだ。団地の共同開発に乗り出しても不思議はない。

「特色のない住宅団地では人が集められない」(熊原さん)。住民からアイデアを募って、結局、ドッグランと足湯を売り物にすることに決まった。「足湯は、お金を取らない。来た人がゆっくり楽しめるようにしたい」(熊原さん)。愛犬は、自由に走り回り、飼い主は、のんびり足湯。いい半日を過ごせたと思えば、また来てくれる。いっそ、この団地に家を建てようか、と思ってくれるかもしれない。

団地内に温泉の源泉がある。足湯は、その源泉から引いて、団地を巡らせることもできる。お湯が冷めないように温める。ガス代電気代がかかりすぎるのではないか、と思ったが、それは余計な心配だった。「バイオマスを利用してガスにするから、費用はとても安くつく。五分の一ぐらい」。庄原は、どこへ行っても山や森。燃料の間伐材にも不足はしない。木を受け取りにいく、それを乾燥させて粉砕する。粉砕した木を蒸して、ガスを発生させる。手間がかかる作業だけれど、「手間がかかるから、障害者の仕事が生まれるんです」。

里山は、地域の活性化と障害者の仕事づくりの二人三脚だ。

里山恋しさで戻った家族
原発から逃げてきた家族

熊原さんは、「こまった」を見つけ、次々と仕事をつくりだし、都会から若い家族を呼び寄せる。ここ三年程で二〇人を超えた。

Uターン、Iターン組が多い。コージーガーデンの保育園で保育士として働く女性に話を聞いた。ご主人は、パン屋さんでパンづくり。二人で、大阪の障害者施設で働いていたが、「やっぱり、子どもはのびのびと里山で育てたい」と思って移ってきた。いま二人の子どもに恵まれて、二人ともお母さんが勤める保育園に来ている。「私は、いま産休中なんですが、子どもが、家にいるより保育園がいいというものですから」と、送ってきたところだった。そうか、母さんのそばより、保育園が

いいのか。走って転んで、笑って泣いて…。それに、遊び相手は、保育士さんだけではない。ときどき、お年寄りものぞきに来てくれる。昔の遊びも教えてくれる。「ここでは、たき火もできるし…」。

親子四人、山の中腹の古民家を借りて暮らしている。家賃二万円。収入は落ちても、心は落ち着く。何よりも、安心がある。

東日本大震災以降、福島第一原発事故の影響で、二組の家族も移ってきた。一組は、福島の避難地区から。もう一組は、首都圏から。遠く離れていても、原発の不安が消えずに、里山暮らしを選んだ。安心は、汚染量では測れない。

都会には、無限のチャンスがあると思って出たけれど、自分にとっての大切な価値を見つけた、ということか。

生きるとは、「花と水と食べ事」

「私らが若いころは、里山には仕事がない、未来もない、と都会に出ていった。けれど、里山には、すべてがある」と言うのは、「逆手塾」（旧・過疎を逆手にとる会）代表の和田芳治さん。

和田さんは、地域社会活動家。里山の暮らしの豊かさを全国の人に伝えるために、熊原さんといっしょに活動してきた。七〇歳過ぎても、艶を失わない声に圧倒される。

「生きるとは、『花と水と食べ事』。この三つがあれば、楽しく生きていける」と、和田さんの里山自慢は尽きない。

自慢のロケットストーブを見せてくれた。空きペール缶を使った手製。簡単な構造だが、威力はすごい。風を送らなくても、すぐ火がつく。最初、少し煙が上がるが、あとはほとんど出ない。熱効率が高く、おいしいご飯が炊け、料理だってできる。こんなストーブがあれば、裏山はエネルギーの宝庫だ。

お金がいのちの都会、自然がいのちの里山

都会暮らしは、何をするにもお金。タダでできるのは、息ぐらい、と思っていたけれど、東日本大震災で、お金があっても何も手に入らないことが分かった。東京では一時だが、スーパーの棚から、水も食料も紙おむつも消えた。生きるための資源は、遠くの地からのもらいものばかりだった。

優輝福祉会の施設では、水源から引き込んだ水もある。一日に湧き出る水二二五〇トン。ペットボトル五〇〇ミリリットル詰め一〇〇〇本を製造。『赤い羽根の水』『ｋｉｓｓ水（きっすい）』の名前で販売している。

生きるための水と食材は、いくらでもある。仕事のタネの「こまった」にも、事欠かない。

「金がいのちの都会」と「自然がいのちの里山」。どっちの「豊かさ」を選ぶか。里山を、障害者と高

齢者だけに任せておくのは、「もったいない」気がしてきませんか。（写真：岸本剛）

※木の駅プロジェクト　間伐材と地域通貨を交換する仕組みをつくることで、里山整備と地域経済を活性化させるプロジェクト。

社会福祉法人優輝福祉会
〒729-3713　広島県庄原市総領町中領家476
TEL／0824-88-3000　FAX／0824-88-3030
URL／http://www.yuukifukushikai.com/
理事長／熊原 保　設立／一九九〇年一二月
業務／ユーシャイン（「あなたが輝けば私も輝く」の考えから、高齢者・障害者・子どもの施設の運営をはじめ、さまざまな事業を展開。福祉分野にとどまらず、里山の町おこしの核となっている。

［**コメント**（濱田）］　優輝福祉会は広島県の中山間地域の街、庄原市を中心に高齢者・障がい者・子どものための事業を数多く行っている。パン屋やレストランも運営している。ここでは多くのさまざまな人々が利用し、その支援をするために多くの職員を雇用し（つまり地域での雇用機会を創出し）ている。

またその活動は施設内だけにとどまらず、地域の高齢の農家が生産した物を給食として利用し、食材も畑まで取りに行っている。農家の役割と収入の機会を創出している。

障がい者は間伐材を利用したバイオマス原料の生産、つまり林業・エネルギー産業にも従事している。

さらに施設内地域通貨を発行し、施設内・地域との人やモノの往来を生み出している。

ここでは里山の資源を活用し、障がい者の働く場、健常者の働く場をつくり出し、地域の高齢者の役割をつくり出しているのである。障がい者は農業だけでなく林業にもかかわり、施設が中心となり障害者、高齢者、子供、大人等の多様な人々が関わる機会、そして里山の多様な地域資源と関わる機会を創出しているといえる。

過疎だって売りにする。六次化農業のパイオニア

社会福祉法人 **白鳩会**（鹿児島・大隅町）

九州の最南端・大隅半島に「農福連携」の先駆者がいると聞いて、訪ねてみた。社会福祉法人白鳩会の理事長・中村隆重さんが、「農福連携」という言葉が出てくるずっと前から、四〇年にわたって行ってきたのは「障害者と、農業で食べていく」という強い思いから生まれる、必死でがむしゃらな取り組みだった。

職員も障害者も見分けがつかない

鹿児島市内から鹿児島湾をぐるっと回りこみ、車で二時間ほど南下していく。大隅半島の南端に、南大隅町がある。この地で四〇年前から障害者と共に農業を続けているのが、社会福祉法人白鳩会だ。

訪れた日の夕方、農場を見せてもらった。ちょうどにんにくの植え付けをしているところだった。午後四時ごろ、夕日の中で一〇名ほどが作業している。誰が職員で、誰が障害者なのか、よくわからない。単に見た目の印象というのではない。作業の様子をしばらく見ていても、誰かが誰かに指示出ししている様子がなく、立場の違いがうまくつかみ取れなかったためだ。どなたかお話を、と声がけをすると、主任の加藤浩司さんが顔を上げ、作業を止めて、こちらにやってきた。

職員と障害者と、区別がつきませんね、と伝え

ると、「そうかもしれません。うちの場合、農場に出たらみんないっしょですから」と笑いながら、「たとえば、ほら」と、畑の端で耕運機を使っている二人を指さした。「彼らは二人とも障害者です。機械だって、使えるなら障害があるかないかは関係なく、誰でも使います」。安全に使えることが確認できるまでは、職員がいっしょに作業するが、できる人はどんどん機械の使い方を覚えて、自ら使いこなしていくという。

にんにくの生産は、昨年(二〇一三年)からはじめた。二・八町歩ほど試しにつくってみて、課題もあったが、今年は三倍以上の一五町歩に拡大する。「プレッシャーも大きいですけど、やりがいもあります」。大学では工学を学んだという加藤さん。一度は一般企業に就職したものの、違和感を覚え、白鳩会に転職した。農業は未経験だが、障害者といっしょになって働くことによろこびを見出しているという。

東京の運送会社から鹿児島の障害者施設へ

白鳩会の設立は、一九七三年。理事長の中村隆重さんに、経緯を聞いた。「元をさかのぼれば、私が東京でトラックの助手をやっていたところからはじまります」。南大隅町生まれの中村さん、東京の大学から一流企業への就職を目指したものの、かなわず、叔父の経営する運送会社に就職することとなった。「そのまま信じたわけではないですが、将来的には会社を任せるとも言われ、それも魅力でした」。ところが一年たっても、社長どころか、トラックの助手のまま。事務職にも回してもらえない。「景気がよくて仕事がじゃんじゃん入ってくる。現場は猫の手も借りたいくらい。事務所に人を置くくらいなら現場に、ということだったんでしょう」。これではいつまでたっても会社経営なんてできない。そう思って南大隅町に戻った。「親父からは、やっていた保育園を継げという話があったんですが、それではおもしろくない。何をやろうか、と思いついたのが障害者施設でした。というのも、弟が躁鬱病（現在で言う双極性障害）だったんです。定職を持つことができずに、苦労していた弟を、なんとかしてやりたいと思ったんです」。

自分は医者ではない。弟の症状を和らげることはできない。それでも何かできないか。そう考えて「いっしょに働ける場所づくり」をしようと、白鳩会を立ち上げた。

ここには農業しかなかった

白鳩会は当初、生活訓練や作業訓練をして、三年後に社会に出てもらうことを目標に活動していた。しかしそれでは、障害者を救うことにはならないと、中村さんはすぐに壁にぶち当たった。「支援や指導によって、障害者の社会的能力を高めることには限界がある。このやり方では、障害者が社会に出て自立生活を送る支援にはつながらない」。自ら仕事をつくり、仕事を通じて、障害者が

自立生活に必要な収入を自分で得るのでなければ、難しい。

しかし、そのために何をすればいいのか。南大隅町でできることを、と考えたら、農業しかなかった。「しかし、それを『逃げ』と捉えるのではなく、前向きに、これで食っていける、食っていくための手段として捉えると可能性が広がる、そう思いました」。

みんながいっしょになって「稼ぐ農業」をやる

療育目的や、あるいは中村さんの言葉を借りれば「ままごと」ではない農業、つまり、働いて生活のための収入を稼ぐための農業をしなければ。そう考えたら、自然と「企業的な農業」という考え方に至ったという。「企業的な農業とは、農業を通じて障害者を教える、指導するのではなく、組織全体が農業で収益を上げるということです。どう稼ぐか、必死になって考える。すると、職員と障害者がいっしょになって農業をやることで、障害者だけではできない領域の作業や事業もでき、成果を上げることができる、という考え方になる」。

それには、職員の意識改革が重要だという。「何もしなければ、障害者の工賃は月額一万数千円。これはいまの全国平均が示す通りです。これではとてもやっていけない。私は障害者が必要な収入から逆算しました。南大隅町で自立した生活を送るには、最低月一一万円必要です。障害者年金の七万円を引いたら、四万円。じゃあ四万円を達成するには、どうするか。まず、職員は給料を二〇万円もらおうじゃないか。この二〇万円は、国から入ってくる。もし、この職員が自分の給料、二〇万円を農業で稼ぐ、という意識で働いたとしたら、五人の障害者に、四万円を支払うことができる」。つまり、職員一人で、五人の障害者を自立させられる、ということだ。職員と障害者がチームとなって、農業で、いっしょに月二〇万円の収益を目指していく。すると、そこには教えたり、教えられたりする絶対的な関係はなくなる。それぞれができることをし、できないことがあれば、できる人が補ったり、教えたりする。チームで生産性を上げなければ、全員が「食っていく」ことはできない。

障害者も職員も、共に「食っていく」ための農業。冒頭、にんにくづくりの現場で見た、誰が職員で誰が障害者かわからない感覚、教えるとか教えられるという関係ではなく、それぞれが独自に自分のできる作業をしている雰囲気は、中村さんの考え方が反映された結果なのだ。

障害者を「搾取」すると言われ続けた

いまでこそ「農福連携」という言葉が浸透し、農業で収益を上げる障害者施設に注目が集まるようになったが、中村さんが白鳩会を立ち上げ、農業をはじめた四〇年前には、そんな空気はなかった。「私たちは障害者を使って儲けようとしていると見られていました。搾取する人間だと」。療育としての農業はあっても、それで収益を上げ、障害者が食べていくための農業という考え方はなかった。

行政も、厳しい目で白鳩会を見る。「いろいろな場面で、行政指導の対象になりました。監査の度に指摘を受けていましたね」。なぜ障害者に、それだけ過酷な労働をさせるのか。障害者は、利益追求の犠牲者ではないのか。中村さんは、毎年のように行政とぶつかり合った。十数年の間、戦い続けた。すると次第に社会の方が変わってきて、中村さんの考え方を受け入れ、それを「よし」とする価値観が生まれてきた。福祉に対する考え方が変わってきた。「障害者も、自らの努力によって、自立できるし、そうするべきだ、という考え方が、ここ数年で大きくなってきました。私たちの活動も、全国から注目していただくようになりました」。

自由な経営のため農事組合法人をつくった

農業をはじめてすぐに、農事組合法人を立ち上げたのも、「農業で食っていく」ための工夫だ。「農業で収益を上げるには、資本が必要です。土地しかり、設備しかり。資本がなければ経営できない。ところが、社会福祉法人は、農業経営にとっては制限が多すぎるのです」。土地の取得、先行投資のための借り入れ、助成金の申請。農業をやるための制度整備がない社会福祉法人では、大規模な農業経営はできない。農事組合法人の枠組みを使って、農業に必要な資本、すなわち土地と設備を四〇年間にわたってこつこつと築き上げていった。その結果、いまでは東京ドーム約一〇倍、「日本の障害者施設でもトップクラスでしょう」と中村さんが誇る広大な農地、製茶工場、一三〇頭の母豚から毎年二〇〇〇頭の豚を生産する養豚場など、福祉の枠組みでは考えられない規模の土地・設備を持つにいたった。

販路を開拓し市場の動きをつかむ

これらの「資本」を、白鳩会では柔軟かつスピーディーな経営に活用している。その一例が、市場ニーズに合わせた新しい作物への取り組みだ。

取材二日目、トマトのハウスを見せてもらった。とにかく規模の大きさに圧倒される。大きなハウスがずらりと並んださまは、まるで工場を見ているかのよう。ここでは高糖度のトマトをつくろうと、肥料や水やりを試行錯誤している。

冒頭で紹介したにんにくも、トマトも、白鳩会が取り組みを強化している作物だ。ほかにも、落花生、タマネギなどにも、近年力を入れている。その背景には、これまで白鳩会が主力としてきたお茶の市場が大きく変化してきたことにある。

「現状、年間売上のおよそ半分を占めているお茶ですが、近年、市場価格の下落が課題になっています」。白鳩会の販売促進部長・横峯浩文さんは言う。「もともとゆるやかな右肩下がりでしたが、昨年（二〇一三年）、大幅に下落。お茶に代わる作物の開発は急務です」。

そこで注目したのが、トマトとにんにく。高い糖度のトマトも、品質の高いにんにくも、いま、市場のニーズが高く、高い単価で売れる商品だ。

福祉施設では珍しい、営業担当である横峯さんは、鹿児島県内を中心に、スーパー・小売店を回って販路を開拓すると同時に、バイヤーなどから情報を収集し、市場の動きを見極め、生産の現場と連携しながら、常にニーズにあった商品を提供し続ける役目も負う。そうすることで、安定した収益を得ることができる。

「六次化」で、価格決定権を取り戻す

白鳩会の販路に対する考え方にも先駆性がある。

それはやはり、ここまで何回か繰り返してきた「食っていくため」という視点から生まれたものだ。

「つくったものをそのまま納めるのでは、小売側

に価格決定権を握られ、買い叩かれてしまう。直接消費者とつながるためにはつくったものを加工し、商品化することと、自分たちで売る工夫が必要」との考えから、自前の製茶工場を持ち、栽培した茶葉は加工し自分たちの銘柄で販売。養豚場の豚は、と畜の後、自分たちで枝肉から精肉し、ハムやソーセージをつくって売っている。またレストランやアンテナショップなどをつくって販路を広げており、たとえば農場でとれた野菜などを使ってつくったジェラートは、鹿児島市内のショップ「花の木冷菓堂」で販売するなどしている。いわゆる「六次産業化」に、もう二〇年も前から取り組んでいるのが、白鳩会なのだ。「もののなかった時代はともかく、いまは外国からもどんどん入ってくる。ものの価格は叩かれる運命にある。六次産業化によって、自分で販路をつくることで、私たちの製品の良さをわかってもらえる客層をつかむことが、今後ますます必要になってきていると感じます」（中村さん）。

福祉と農業と観光で、南大隅にしかできないことを

いま、中村さんは、農業と福祉に「観光」を絡めた展開を模索している。「過疎化の課題を抱える南大隅町ですが、裏を返せば、そこに『秘境』があるということ」。白鳩会で最大規模を誇る農場「花の木農場」のすぐ裏には、「雄川の滝」という名瀑がある。また車で一時間ちょっとで行くことができる、九州最南端の「佐多岬」は、近年県が観光開発に乗り出した。「観光農園的な展開などを考えています。土地の魅力に人の魅力をプラスして、外から人を呼び込みたい」。「農業しかない」から「農業がある」への発想の転換。四〇年前、南大隅町で、障害者と共に生きることを決意した中村さんの思いは、いままた大きく広がろうとしている。（写真：岸本剛）

社会福祉法人白鳩会
〒893-2501　鹿児島県肝属郡南大隅町根占川北2105
TEL／0994-24-2517　FAX／0994-24-3711
URL／http://shirahatokai.jp/
理事長／中村隆重　設立／一九七二年一二月

経営の発想が障害者の能力を引き出す

濱田健司（JA共済総合研究所 主任研究員）

白鳩会は、早くから「農福連携」そして「農福商工連携」に取り組んで来た社会福祉法人です。学びの多い、これからの福祉をけん引し、地域を支える法人です。

農場では知的障害者が、刃物を動力で稼動させる草刈り機、さらには乗用のトラクターや茶収穫機を当たり前のように操作しています。また障害者は職員といっしょに、土日や深夜も農作業をし、残業もします。

一般的に知的障害者は反復動作を得意とし、自らの判断を必要とする作業などは得意でないと認識されています。しかし、白鳩会はそれが私達の一方的な思い込みであることを教えてくれます。障害者は覚えるまでに時間はかかりますが、一定の判断を必要とする作業もできます。そして農産物の生育状況に合わせ、自主的に、または求めに応じ、臨機応変に作業できるのです。

白鳩会は知的障害者の有する潜在能力に注目し、それを引き出し、障害者の就労訓練・就労、そして法人の運営に繋げてきました。

障害者福祉施設が、地域の耕作放棄地の担い手となり、食料を安定供給し、障害者だけでなく多くの健常者の雇用機会を創出してきたのです。障害者福祉施設はいま、地域に役立つ、そして必要となる存在になることが求められています。

初出一覧　**「障害者雇用でユニバーサル農業へ」**『コトノネ』「シリーズ農と生きる障害者3 京丸園株式会社」（一三号、二〇一五年二月二〇日）／**「オトナも、コドモも、障害者も、里山に集まれ」「日本の「こまった」よ、ど－んとこい」**『コトノネ』「特集2 里山の障害者――里山の障害者の生き方は、都会暮らしとは違う「豊かさ」を教えてくれる。――」（九号、二〇一四年二月二〇日）に濱田が［コメント］を加筆／**「過疎だって売りにする。六次化農業のパイオニア」**『コトノネ』「シリーズ農と生きる障害者2 社会福祉法人白鳩会」（一二号、二〇一四年一一月二〇日）

5　農福連携に取り組むために

それでは農福連携に実際に取り組みたいと思ったとき、どのようにすすめていけば良いであろうか。ここでは二つの主なパターンを例示し、有用となり得る情報について紹介する。

現在、農福連携の取り組みは主体によって大きく三つに分かれる。①農家や農業法人など農業側が取り組むもの、②障がい者の就労支援などを行う障害福祉サービス事業のなかでNPO法人や社会福祉法人の福祉側が取り組むもの、③それら以外の企業などが取り組むものである。*1

近年、農業側の取り組みと福祉側の取り組みの二つが急速に増えつつある。そこで以下では、それぞれにおける主なパターンについてみていくこととする。

1　農業側による主なパターン

一般に日本の農家は小規模な家族経営が多いため、障がい者を非常勤であっても通年で雇用することは難しいところが多いのが実情である。そのため大きい売上げを上げることができる農家、または大きい売上げがあり規模の大きな農業法人を中心に、通年障がい者雇用がすすんでいる。

しかし、売上げの大きくない小規模な農家や農業法人であっても農繁期があり、そのようなときは地域でパートやアルバイトを雇用したり、作業を委託することが多いという実態もある。だがたとえ非常勤でも雇用するとなると、現場での事故や怪我などの責任、農産物についての責任、そして作業管理の責任といったことが雇用する側に求められることになる。特に障がい者を雇用することは、雇用する側が負担感を持つことが多い。

そこでこれらの負担を減らすことができ、かつ現在、広がりつつあるのが、障がい者福祉事業所へ作業を委託するというやり方である。これは事業所からみると、作業請負（作業受託）をするということになる。

1　作業委託までの流れ

農家Aさんは、最近、農業系の新聞を見て「農福連携」という言葉をはじめて知った。自分の親類には障がい者はいない。しかし、農業系の雑誌でも特集が組まれていた。そのなかで驚いたことは、障がい者が農作業に従事するということであった。Aさんには後継者もおらず、高齢の夫婦二人だけでは、農作業を続けることが難しくなっていた。ひょっとしたら自分のところでも障がい者を雇用したり、作業をお願いすることができるのではないかと考えがめぐった。

そこでまず、インターネットで情報を探すことにした。するといろいろな取り組みがあることが分かった。とりあえず町の農政担当部署と障害福祉担当部署に相談することにしたが、担当者も詳しいことは分からないということであった。だが県の農政担当部署と障害福祉担当部署に連絡をしてみてはどうかというアドバイスをもらうことができた。早速、県に電話をすると、農林水産省や厚生労働省が発行する『「福祉分野に農作業を〜支援制度などのご案内〜」（第三版）』という冊子がインターネット上からダウンロードできること、また農林水産省の出先機関となっている地方農政局（例：関東農政局、東海農政局など）が、農政局のホームページ上で「農業分野における障害者就労」というページをつくり、問合せ窓口を開設していること、さまざまなイベント情報や事例紹介をしているといった情報を教えてもらうことができた。また農林水産省「農業分野における障害者就労と農村活性化に関する調査研究」「農業分野における障害者就労マニュアル」やＮＰＯ法人日本セルプセンターのホームページ「農と福祉の連携ねっと」などをみると、全国で取り組みがすすみはじめていることが分かった。

しかし、実際に障がい者が何をしているのか見たいので、県の担当者に教えてもらい、障がい者が農地で働いている事業所や農家へ視察に行くこととした。県でも最近問合わせが増えてきたので、いろいろな県内の情報を集めていたところであった。また各農政局が運営する「農業分野における障害者就労の促進ネットワーク（協議会）」のホームページでは事例、加入するメンバーのリストが掲載されていた。

そこでそのなかの一つを選び、視察に行った。そこには初めて見る障がい者の姿があった。現場では本当に障がい者が労働力となっていたのだ。そこで自分のところでもすぐにも働いてもらえないかと思うようになった。だがすぐに直接雇用することは難しいため、最初は作業委託で頼むことにした。

つぎに、どこの事業所に作業を頼めば良いのかを考えた。香川県や鳥取県などでは、マッチングをしてくれる窓口があるらしいが、Ａさんの地元ではそのような窓口はなかったので、まず妻の友達で事業所で働いている人に話を聞くことにした。さらに自分の知り合いの社会福祉法人の理事に相談に行くこととした。

すると、社会福祉法人でも働く場所を探していたということであった。そこでまず試しに障がい者三人と職員一人で、三日間九時―一二時までの三時間だけ作業をしてみようということになった。職員には農業経験がないため、農家が職員に指導をし、それを職員が障がい者へ指導をすることとした。送迎については現場での請負作業であることから、原則、事業所が行うことになった。

そして委託料金は、パートに対してこれまで支払っていた作業量を基準に算出し（時給ではなく出来高払いで同額）、支払うこととした。

Ａさんは、作業当日、ゆっくりではあったが、障がい者が一生懸命に働くその姿を見て、感動した。最近は、農作業の一般のパートも高齢化し、これまでのように頼めなくなっていたので、この社会福祉法人に翌月から本格的に作業を依頼することにした。

そうして作業委託をして三年が経過した今では、もっといろいろな作業や高度な作業をしてもらいたいと思うようになった。

以上は農地での農業委託の流れの例であるが、作業委託にはつぎのような取り組みも出てきている。

一つは、農家に生産したものを事業所まで運んでもらい、事業所内で事業所が農産物の選別やパッケージ作業を行うというもの。

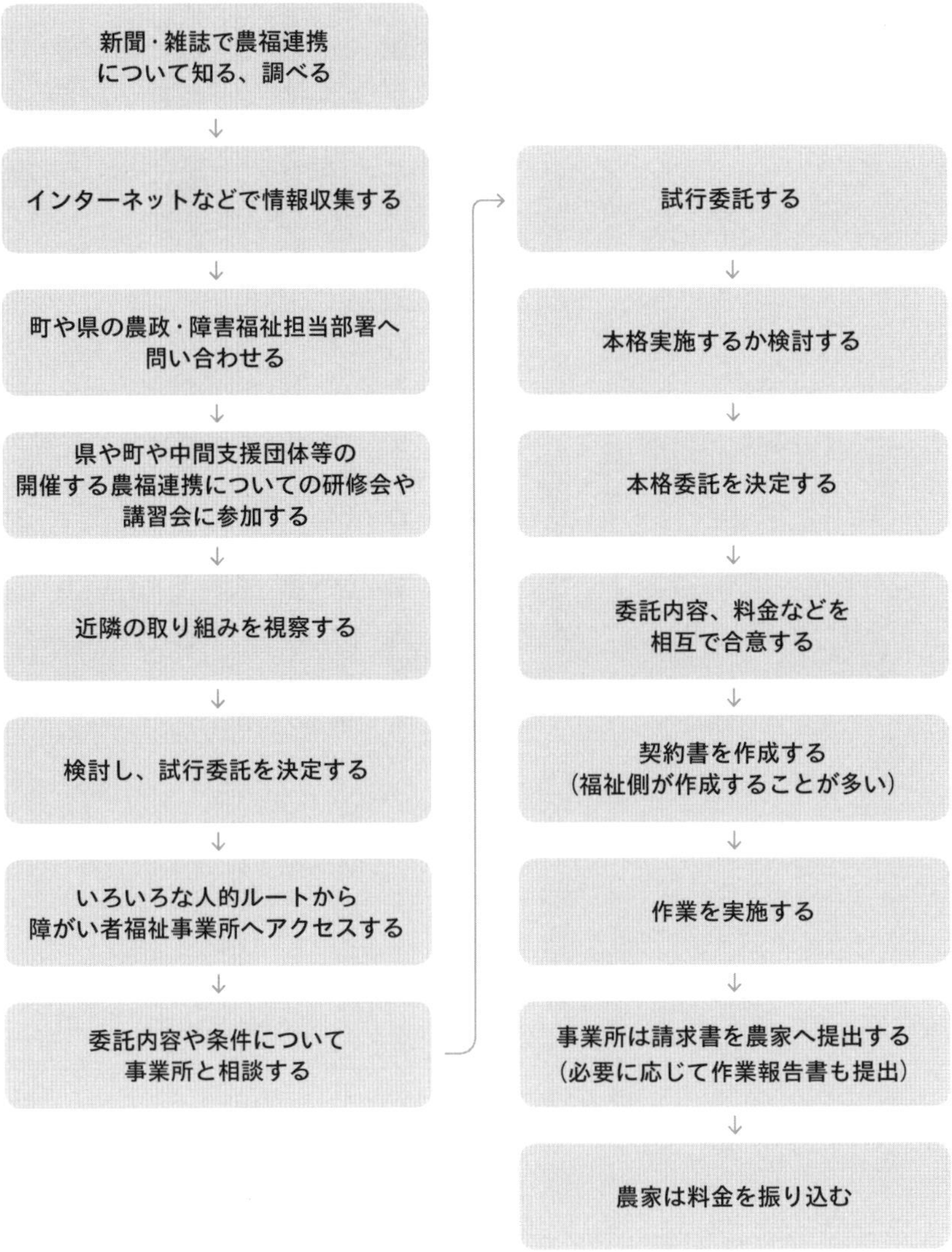
新聞・雑誌で農福連携
について知る、調べる
インターネットなどで情報収集する
町や県の農政・障害福祉担当部署へ
問い合わせる
県や町や中間支援団体等の
開催する農福連携についての研修会や
講習会に参加する
近隣の取り組みを視察する
検討し、試行委託を決定する
いろいろな人的ルートから
障がい者福祉事業所へアクセスする
委託内容や条件について
事業所と相談する
試行委託する
本格実施するか検討する
本格委託を決定する
委託内容、料金などを
相互で合意する
契約書を作成する
（福祉側が作成することが多い）
作業を実施する
事業所は請求書を農家へ提出する
（必要に応じて作業報告書も提出）
農家は料金を振り込む

チャート１　農から福へ ～作業委託までの流れ～

二つには、事業所が収穫し農産物の運搬まで行うというもの。

三つには、農家が生産したものを事業所の食品製造器械でゼリーやジャムや漬物などに加工する。場合によっては、パッケージ、さらには販売までを事業所が行うというもの。

農福連携Q&A その1 事業所に委託する場合

質問1 委託内容はどのように決めたら良いですか。

委託内容は、事業所の担当職員と話し合い決定する。農業技術の指導は誰が行うのか、どのくらいの量の作業を委託するのか、どのくらいの期間作業をしてもらうのかなどについて話し合う。

農業技術については、担当職員が技術をすでに持っている場合は、農家が職員へ説明すれば良い。持っていない場合は、農家が職員へ指導をする場合と、県などの制度を活用する場合に分かれる。農家は作業委託契約であることから指導する場合は、障がい者への指導は職員が行えば良い。県などの制度を活用する場合、鳥取県、島根県などのように県が独自に農福連携にかかる制度を整備しているケースもあることから、県にそのような制度があるかどうか確認し派遣を依頼する。あるいはどこかでまたは誰かに指導をしてもらえるか、市町村農政担当部署または「都道府県別 普及指導センター」に問い合わせてみるのも良い。

作業量については、基本は一般のパートが一日でできる量を基準にする。そのなかで何人の障がい者が作業をするかは事業所の担当職員が決定する。作業期間については、作物の生育状況やそのときどきの天候によって異なることから、一日の作業量などを勘案して、農家と担当職員が話し合う。

ただし、香川県のようにこうした内容についても県が独自に制度を整備し、県から委託された中間支援団体などが調整するケースもある。

質問2　委託料金はどのように決めたら良いですか。

委託料金は時給換算で支払うことができれば良いが、それが難しい場合は作業量で決定する。一日の一般のパートが行う作業量とその賃金を元に算出する。その賃金分をそれぞれの作業者にどのように配分するかは事業所が決める。

質問3　責任の所在はどうなるのでしょうか。

障がい者の作業管理、現場での障がい者の事故や怪我、農産物に損害を与えた場合の賠償、農業資材、農業技術指導などについての責任の所在を明らかにする。

基本的に現場での作業管理、事故や怪我については事業所がその責任を負う。農産物の賠償については、そのときどきで農家と話し合うことが重要である。必要に応じて行政などの第三者を交えると良い。農業資材については、労働作業だけを委託する場合、農家が用意する。農業技術の指導については、担当職員が技術を持っていない場合、農家が職員へ指導するケースが多い。

原則として契約書を作成し、契約することが大切である（図3—6を参照）。ただし、農家はそうしたことが得意でないこともあるので、事業所にひな型を作成してもらうか、県によっては農福連携の制度を整備しひな型を作成しているケースもあることから、県に問い合わせ、ひな型を利用する

図３　障害福祉サービス事業所等受託作業実施希望調査票

作物	作業工程	時期	作業内容・作業量	想定されるリスク	摘要	実施希望有		説明を希望
						単独作業	一連作業	

〈受託要件〉

移動時間（距離）	車で（　　　）分以内			送迎希望	有・無	
有償ボランティア雇用予定	有（　　　）人　・　無 →農業に詳しい方（　　　）、障がい特性に理解のある方（　　　）					
	施設外就労に随行する職員を有償ボランティアのみで対応することも想定していますか。→　想定有・想定無（施設常勤職員が必ず随行）					
自事業所での農業生産活動実施の有無	有（　　　　　　　　　　　　　　　　） 無					
参加が見込まれる利用者の実態	知的障害者	療育手帳Ａ　　　人		療育手帳Ｂ　　　人		
	身体障害者	１・２級　　　人		３・４級　　　人		５・６級　　　人
	精神障害者	１級　　　人		２級　　　人		３級　　　人
	発達障害者	障害の種類・人				
	複数の手帳を持っておられる方は、それぞれについて具体的に記載してください。（記載例：療育手帳Ｂ、精神障害者保健福祉手帳２級）					

注１　これは縦長で作成していますが、エクセルで横長に作成すると、入力しやすくなると思います。
注２　域内の作業情報を見ながら、希望する受託作業を選んで、記載していただくイメージです。作業番号の欄を設けてもよいと思います。

図４　マッチング票

委託者	
連絡先	住所　　　　　　電話 ファクシミリ　　メールアドレス
受託者	
連絡先	住所　　　　　　電話 ファクシミリ　　メールアドレス
作業位置	
作物	
作業工程	
作業内容	
作業環境	トイレ　（　　　　） 休憩施設（　　　　）
作業量（面積・本数等）	
委託期間	平成　　年　　月　　日から　平成　　年　　月　　日まで
健常者が作業した場合に要する作業日数又は作業時間	
作業上注意すべき点	
想定されるリスク	
請負代金（予定）	
作業手順	① ② ③
作業の服装	
配慮すべき事項	
有償ボランティア雇用	有（　技術者　・　支援者　）・　無

注１　調整会議の後、ＰＴからの通知を受け、マッチングセンターが作成。
注２　マッチングセンターは、本書を事業所と委託者に事前送付します。

図５　受託作業カルテ

委託者氏名	
連絡先	住所　　　　　　　　電話 ファクシミリ　　　　メールアドレス
圃場等の作業位置	
作物	
作業工程	
作業内容	
作業環境	トイレ　（　　　　　　） 休憩施設（　　　　　　）
作業量（面積・本数等）	
委託期間	平成　　年　　月　　日から　平成　　年　　月　　日まで
健常者が作業した場合に要する作業日数又は作業時間及び作業料金	
作業上注意すべき点	
想定されるリスク	
備考	

図6　作業受託に係る契約書（案）

業務委託基本契約書（例）

○○（以下「甲」という。）と、○○法人○○（以下「乙」という。）とは、信義誠実の原則に従い、次のとおり契約を締結する。

第１条　甲は、乙に対し、次の業務（作業）を委託し、乙は、これを受託する。
（１）○○に係る業務
（２）○○に係る業務
（３）前各号に附帯する業務

第２条　乙は、善良なる管理者の注意義務を以って、本契約に係る業務を履行しなければならない。

第３条　契約期間は、平成○○年○月○日から平成○○年○○月○○日までとする。ただし、天候不順等の乙に責めのない理由で契約期間内に作業を完了することができない場合は、甲乙協議をして変更することができるものとする。

第４条　甲は、報酬として、次のとおり受託業務に応じた出来高金額を乙に支払う。
（１）作業単価　請負作業の内容に応じ、別表の作業単価欄に掲げる金額とする。
（２）支払方法　作業完了後、３０日以内に現金で支払う。（又は乙が指定する金融機関の口座に振り込む。）

第５条　乙及び乙の利用者の作業中、又は休憩中に事故が発生した場合は、甲の故意又は過失による場合を除き、甲は、当該事故に対し、その責めを負わない。但し、甲は当該事故の処理に関し、迅速な対応及び応急措置を行うよう努めなければならない。

第６条　受託業務の完成についての財政上及び法律上のすべての責任は、乙が負うものとする。

第７条　乙及び乙の利用者は、受託業務の実施に際し知り得た甲の業務上の秘密を外部にもらし、又は甲の承認なしに他の目的に使用してはならない。

第８条　この契約に規定するものの他、受託業務の実施に関し必要な事項については、その都度甲乙協議して定めるものとする。

上記の契約の締結をするため、本契約書を２通作成し、甲乙記名押印の上、各自その１通を保有する。

平成○○年○月○日

甲　住所
事業所名
事業主

乙　住所
法人名
代表

別表（第１条関係）

受託業務の内容	作業単価
1　○○	・・当たり○円
2　○○	・・当たり○円

と良い。

ＮＰＯ法人日本セルプセンターのホームページ「農と福祉の連携ねっと」に「平成二六年度マッチング事業　契約書等ＰＤＦ」（http://aw.selpjapan.net/）があり、香川県と鳥取県のひな型をダウンロードできる（図３－６は、鳥取県版の資料を参考に作成）。

鳥取県は農業側（委託者）と福祉側（受託者）とのマッチングを県が行い、契約は当事者間で締結するタイプのもの。香川県は、県がマッチングを中間支援団体に委託し、中間支援団体が農業側と福祉側双方と契約を結ぶものである（当事者間では契約しない）。

２　福祉側による主なパターン

つぎに障がい者福祉事業所での農作業のすすめ方についてみていく。多くの事業所では事業所の敷地内の一部を利用し、給食のための食材を生産したり、花壇などで花を育てている。この場合、事業所職員の家が農家であったり、農業に関心のある職員などが障がい者とともに作業を行うことが多い。

ここでは販売のための農業に取り組みはじめる事業所を想定し、説明する。

１　本格的に農業に取り組むまでの流れ

ある事業所では、これまで野菜や花苗の自給的な農業生産を行ってきた。近年、それまで主たる仕事としてきた企業からの下請け作業が減り新しい仕事を見つけること、さらに障がい者の工賃をどのように上げていけば良いのかを模索していた。

この事業所の理事Bさんが、福祉系の雑誌や新聞に目を通していると、農福連携の文字を最近よくみかけるようになった。また会員となっている福祉の中間支援団体（例、ＮＰＯ法人日本セルプセンターなど）の研究大会に参加したところ、農福連携に関する講演が行われていた。さらに、県から障がい者の農業分野への就労についてのセミナー開催案内が事業所に届いていた。

そこでBさんは、県内の知り合いで、すでに販売のための本格的な農業生産に取り組む事業所の理事に電話をし、一度視察させてもらうことにした。そして職員へインターネットや雑誌などで情報を集めるように指示をした。独立行政法人高齢・障害・求職者雇用支援機構（ＪＥＥＤ）の雑誌「働く広場」（ホームページ上で公開）には取り組み事例の情報が掲載されており、情報を得ることができた。

また農業に取り組むための機械や設備の助成金の情報があるかどうかを自分で県の障害福祉担当部署へ問い合わせた。すると担当部署から農林水産省や厚生労働省の助成金についての情報を得ることができた。農林水産省／厚生労働省　パンフレット「福祉分野に農作業を〜支援制度などのご案内〜」（第三版）では、農福連携の取り組み概要や両省の助成金などについての情報がまとめて書かれていた。また独立行政法人高齢・障害・求職者雇用支援機構（ＪＥＥＤ）の「障害者の雇用支援」サイトも参考になった。

しかし、職員や理事のなかには新しいことをする余力が現在はないと考えている者もいる。また自分でも本格的な農業を職員ができるのだろうか、きちんと安定生産できるのだろうか、販路はあるのだろうかとさまざまな不安が頭をよぎった。

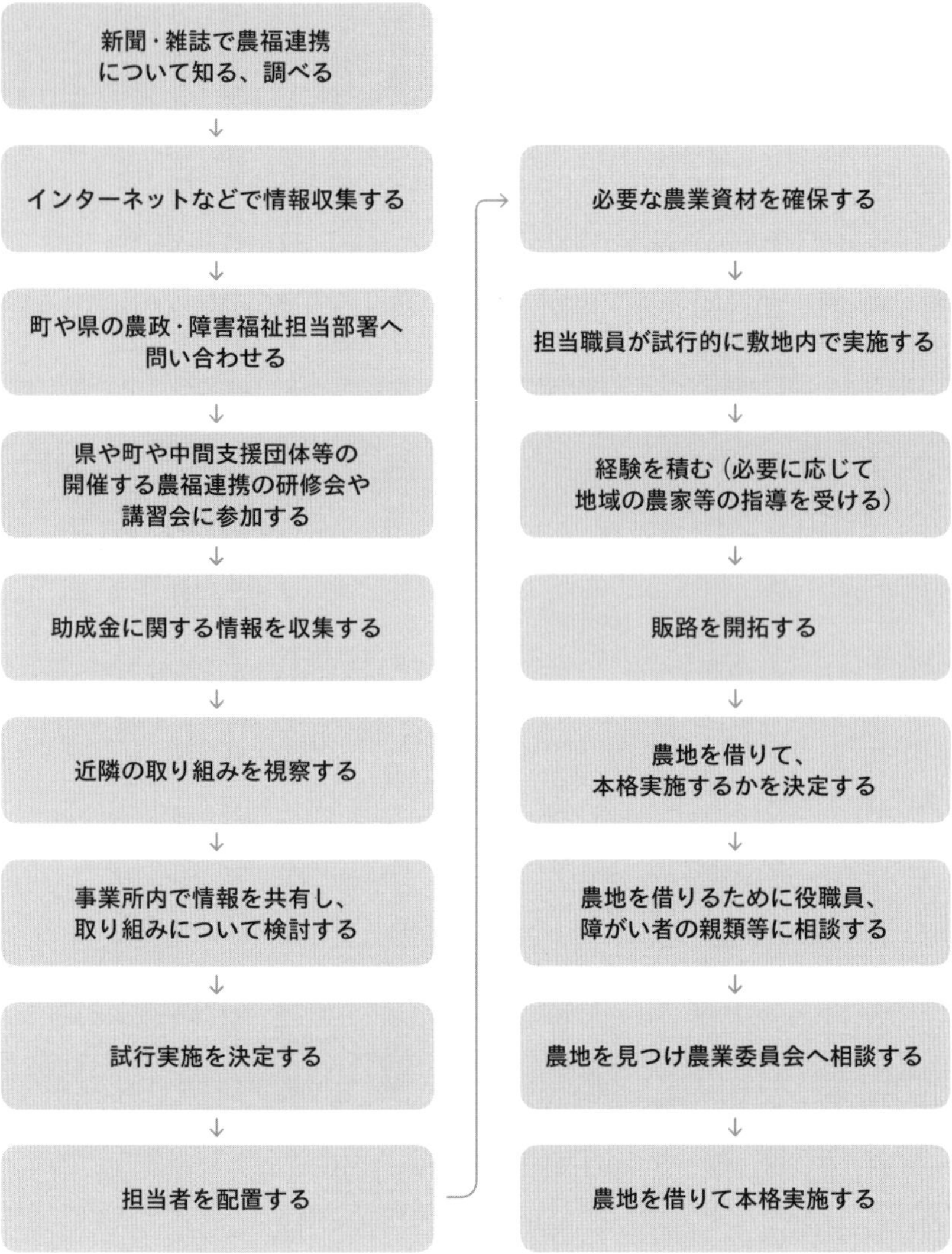
新聞・雑誌で農福連携
について知る、調べる
インターネットなどで情報収集する
町や県の農政・障害福祉担当部署へ
問い合わせる
県や町や中間支援団体等の
開催する農福連携の研修会や
講習会に参加する
助成金に関する情報を収集する
近隣の取り組みを視察する
事業所内で情報を共有し、
取り組みについて検討する
試行実施を決定する
担当者を配置する
必要な農業資材を確保する
担当職員が試行的に敷地内で実施する
経験を積む（必要に応じて
地域の農家等の指導を受ける）
販路を開拓する
農地を借りて、
本格実施するかを決定する
農地を借りるために役職員、
障がい者の親類等に相談する
農地を見つけ農業委員会へ相談する
農地を借りて本格実施する

チャート２　福から農へ ～農業へ取り組むまでの流れ～

だが、ある時、利用者（障がい者）の親から農業の話が出てきた。また知り合いの農家のなかから、高齢で作業が難しくなった、誰か自分の土地を管理してくれる人はいないかという声を聞くようになった。さらには隣の町のいくつかの事業所が本格的に農業に取り組みはじめたという話も聞いた。

そこで職員や他の理事を含めて農業についてもう一度検討することにした。その結果、最初は小さな規模ではじめようということになった。まず事業所の敷地内で農地面積を増やし、地域の直売所などでよく販売されているいくつかの野菜を生産することにした。

職員の親類の農家にお願いして、耕運機で畑を耕してもらい、またその農家から、いらなくなった農機具を譲り受けることができた。

そして農業の担当職員を決め、配置をすることとした。他の業務と兼務ではあるが、農作業が好きな職員であった。農業技術指導については事業所の近くの農家に協力してもらい、比較的障がいの軽い障がい者と一緒に作業を開始することにした。農地に肥料を入れ、苗を作り、苗を定植し、草取り、水やり、収穫などを一緒に行った。収穫したものは、一部を地域の直売所で販売してもらうことができた。

そこで翌年度からは、地域の耕作放棄地を借りて本格的に農業に取り組むこととした。

縁故や知人を頼りに農地を貸してくれそうな農家を探していると、一〇アールほどなら貸してくれるというところが見つかった。農地を借りるためには農業委員会を通じて依頼する必要があることから、つぎに農業委員会に相談した。すると、社会福祉法人やＮＰＯ法人には貸せないという答えがかえってきた。

だが、農林水産省と厚生労働省の作成したパンフレット「福祉分野に農作業を〜支援制度などのご案内〜」（第三版）には借りることができると書いてあった。その話を農業委員会に再確認すると、すぐに農業委員会は県の農政担当部署へ確認し、「社会福祉法人等が農業利用目的で農地の権利を取得する場合の特例[*2]」に基づき、社会福祉法人やＮＰＯ法人でも農地を借りることができるように協力・支援をしてくれた。

農福連携Ｑ＆Ａ　その２　農業生産を本格実施、拡大する場合

質問１　農地を借りるにはどうしたら良いですか。

まず、事業所の役職員やその親類、利用者（障がい者）の親類のなかに、農地を所有する者がいないか探し、相談する。

それが難しい場合には、地域の農業生産者へ相談する。

その場合、地域の生産者と信頼関係を築くことが大切となる。知らない人間が農地を借りるのは難しいことが多い。そこで事業所の給食の食材を農業生産者から直接購入したり、農業技術指導をお願いするなど、さまざまな形で生産者と交流を図ると良い。そして実際に目で見て、障がい者が農作業できることを知ってもらうことが重要となる。

なお、農地法の規定により借りるときは農業委員会を通すこと。

質問２　農業技術をどのように習得したら良いでしょうか。

事業所の役職員のなかに、農家などがいるかを探す。いる場合は、その役職員が障がい者への指

導を行うと、スムーズである。

そのような役職員がいない場合は、地域の農家などへ指導をお願いするかまたは行政に指導員派遣を依頼する。

地域農家などについては、事業所のさまざまな人的ネットワークのなかから知り合いを探し出し、依頼をする。行政からの派遣については、鳥取県、島根県などのように県が独自に農福連携のための制度を整備しているケースもあることから、県にそのような制度があるかどうか確認し派遣を依頼する。また県によっては障がい者福祉事業所の工賃を上げるための共同受注窓口事業として農家等の専門家を派遣しているケースもある。あるいは市町村農政担当部署や「都道府県別 普及指導センター」に、どこかでまたは誰かに指導をしてもらえるか、問い合わせてみるのも良いであろう。

まず事業所の職員が技術を習得する。農業技術の障がい者への指導は、原則として事業所の担当職員が行うことが望ましい。農家や県などから派遣される指導員は、恒常的に従事することは難しいことから、最終的には自分たちでできるようになることが必要となる。。

質問3　農業生産のための助成金にはどのようなものがあるでしょうか。

大きな設備や施設投資が必要な場合、農林水産省や厚生労働省の設備や施設の整備への助成金がある。

農業に関する機械や施設については、農林水産省の助成金がある。申請に当たっては認定農業者や農業法人であるといった資格要件、申請の期間を確認することが重要となる。トイレや休憩所、その他の設備などについては、厚生労働省の助成金などがある。これも申請の期間が決まっていることからタイミングを逃さないことが大切である。

農林水産省農村振興局都市農村交流課「都市農村共生・対流総合対策交付金」「都市農業機能発揮対策事業」、農林水産省農村振興局計画課「耕作放棄地再生利用緊急対策交付金」、独立行政法人高齢・障害・求職者雇用支援機構（ＪＥＥＤ）「障害者作業施設設置等助成金」などを各ホームページで確認すると良い。

3　企業の障がい者雇用と農への広がり

五〇名以上の従業員を抱える企業等の事業主は従業員のうち二％以上、障がい者を雇用しなければならない（障害者法定雇用率）。その雇用義務が近年どんどん強化され、企業は障がい者雇用をすすめている。企業等の障がい者雇用には二つの方法がある。

一つは、障がい者を集めて子会社をつくり雇用すれば、本社およびグループ会社の障害者法定雇用率として算定できるという特例子会社による取り組み、もう一つは、企業のなかで健常者と同様に障がい者を雇用するというものである。

近年、特例子会社の設立が増え、そこでの事業として水耕栽培を中心とした農業生産に取り組む事例が増えてきている。また一部であるが、特例子会社が地域の農家から作業受託するものも出てきている。しかし、特例子会社の経営は厳しいのが実情である。

そして行政において、こうした取り組みを助成金などにより支援する動きが、前述のように農林水産省、厚生労働省、府県、市町村などにも広がりつつある。

＊1　近年四つ目として、まだ数は少ないが、社会的課題の解決を目的に事業としてソーシャルファーム等が取り組むものもできている。

＊2　「社会福祉法人等が農業利用目的で農地の権利を取得する場合の特例」　法人が農地を農業利用目的で取得する場合には、原則として、農業生産法人の要件や一定規模以上の農業経営を行う等の要件を満たす必要があります。ただし、社会福祉法人やＮＰＯ法人等の非営利法人が、社会福祉事業の運営に必要な農園として利用するために農地を取得する場合には、例外的に上記の要件にかかわらず農業委員会の許可を受けることができます（農地法施行令第6条第1項第1号ハ）。（引用：農林水産省／厚生労働省　パンフレット「福祉分野に農作業を～支援制度などのご案内～」（第三版））

農福連携実施に役立つ情報

1 取り組む前に役立つ情報

（主な事例・調査報告など（2015年6月現在））

農林水産省
「農業分野における障害者就労マニュアル」（平成21年3月）

http://www.maff.go.jp/j/keiei/kourei/syougai/pdf/2008.pdf

農業分野における障がい者就労の受入れの流れについての概要と方法、実際の受入れ事例の就労までの具体的な方法および経営概要、受入れのポイントの紹介、雇用管理をはじめ障害者を受入れる際の指導方法と支援方法、さらには、農業分野での障がい者就労に関する支援制度などをQ＆A方式で紹介している。

農林水産省
「農業分野における障害者就労の手引き」—作業事例編—（平成20年3月）

http://www.naro.affrc.go.jp/publicity_report/pr_report/files/sagyoujirei_h19.pdf

農業分野で障がい者が実際に取り組んでいる作業事例について、作業の特徴と指導のポイント、障がい者雇用に関する支援制度について紹介している。

農林水産省／厚生労働省
パンフレット「福祉分野に農作業を〜支援制度などのご案内〜」（第3版）

http://www.maff.go.jp/j/keikaku/pdf/2704_noufuku.pdf

この冊子は、主に障がい者の農業分野での就労および高齢者の健康・生きがいづくりへの農業の活用などを考えている人々を対象に、厚生労働省、農林水産省で活用可能な支援策等を取りまとめたものである。福祉農園の整備、障がい者雇用などにかかる両省による交付金・助成金、支援制度などがコンパクトにまとめられている。毎年更新され、15年版が第3版である。

NPO法人　日本セルプセンターのホームページ「農と福祉の連携ねっと」

http://aw.selpjapan.net

平成26年度の「都市農村共生・対流総合対策交付金の共生・対流促進計画」事業にかかる調査報告

平成26年度は、農家、農業法人などを対象に農業分野での障がい者福祉事業所との関わりの現状についてのアンケート調査結果、農家、農業法人などが障がい者福祉事業所へ作業委託を行うためのマッチングと作業支援に関する県の取り組み、農業および6次産業化・地域連携等に取り組む障がい者福祉事業所などの取り組み事例について記している。なお、香川県および鳥取県が農家等と事業所をマッチングするときに使用している契約書等の「様式」も平成26年度版に記載されている。
http://aw.selpjapan.net/data/

平成25年度の「都市農村共生・対流総合対策交付金の共生・対流促進計画」事業にかかる調査報告

NPO法人日本セルプセンターが農林水産省より受託した平成25年度の「都市農村共生・対流総合対策交付金の共生・対流促進計画」事業にかかる調査報告。全国の主な事業所が取り組む農業活動の現状についてのアンケート調査結果、モデルとなった優良障がい者福祉事業所および企業の、実際に農業への取り組みを始めるにあたって直面した問題、また事業を実施するなかで発生してきた課題や問題とその改善の方法について記している。

2
取り組みをサポートする
交付金・助成金・制度

農林水産政策研究所のホームページ「農業分野における障害者就労と農村活性化に関する調査研究」

http://www.maff.go.jp/primaff/kenkyu/Syogaisya/index.html

農村活性化に関する研究プロジェクトの一環として、農業者と社会福祉法人、NPO法人等が連携した取り組みが、地域の就労や農業生産に及ぼす影響についての調査研究結果が掲載されている。

一般社団法人 JA共済総合研究所のホームページ

http://www.jkri.or.jp/about/members/r_hamada.html

農業分野における障がい者就労に関するさまざまな調査研究結果が豊富に掲載されている。

独立行政法人 高齢・障害・求職者雇用支援機構「働く広場」のホームページ

https://www.jeed.or.jp/disability/data/works/index.html

農業分野を含めた障がい者雇用に関するさまざまな事例が掲載されている。

農林水産省 農村振興局都市農村交流課「都市農村共生・対流総合対策交付金」「都市農業機能発揮対策事業」

「都市農村共生・対流総合対策交付金」は主として都市計画区域外を対象範囲、「都市農業機能発揮対策事業」は主として都市計画区域を対象範囲としている。福祉目的での農園の開設・整備にあたって、農業専門家の派遣、研修会の開催等に加え、農機具の洗い場、トイレ、駐車場、資材置場などの付帯施設の設置について助成するものである。前者は地域協議会等、後者は民間団体、NPO、社会福祉法人、農業法人などを助成対象としている。

都道府県労働局／ハローワーク
「特定求職者雇用開発助成金、発達障害者・難治性疾患患者雇用開発助成金」

ハローワークなどの紹介により障がい者らを雇用した事業主に対し助成金を支給するものである（例：中小企業が雇用した場合、最大240万円など）。これは農業分野に限らず、いろいろな産業分野での雇用についても助成される。

都道府県労働局／ハローワーク
「障害者試行雇用（トライアル）奨励金」

障がい者を試行雇用として雇用した事業主に対して助成金を支給するものである。これは農業分野に限らず、いろいろな産業分野での雇用についても助成される。実際に農家等が障がい者を雇用する場合、この制度を活用することで、正規雇用の前に障がい者側および雇用者側双方の適合性をみることができる。

農林水産省　経営局就農・女性課
「農の雇用事業」

農業法人等が、障がい者を含む就農希望者を雇用した後、農業技術等を習得させるために実践的な研修（OJT研修）を行う場合に対して、１名当たり年間最大120万円（最長２年間）を支援するものである。これは障がい者だけでなく、一般の人々も対象とする制度である。

厚生労働省　社会・援護局障害保健福祉部障害福祉課
「社会福祉施設等施設整備費補助金」

社会福祉法人やNPO法人などが福祉的就労を行う場合、障害福祉サービス事業所等の施設整備の経費の一部を行政が支援するものである。（負担割合：国1/2、都道府県・指定都市・中核市1/4、設置者1/4）

3 関係機関および問い合わせ先

農林水産省

農村政策部　都市農村交流課
ダイヤルイン：03-3502-6002
FAX：03-3595-6340

農村政策部　都市農村交流課
（都市農業室）
ダイヤルイン：03-3502-0033
FAX：03-3595-6340

農林水産省地方農政局

東北農政局／北陸農政局／関東農政局／東海農政局／近畿農政局／中四国農政局／九州農政局／北海道農政事務所／沖縄総合事務局農林水産部

農業分野における障害者就労の促進ネットワーク（協議会）
上記の各農政局に設置

（独）高齢・障害・求職者雇用支援機構「障害者作業施設設置等助成金」

障がい者が働きやすい職場環境の整備などを実施した事業主に対して、その費用の一部を助成するものである。（例：障がい者1人につき上限450万円等）

（独）高齢・障害・求職者雇用支援機構「ジョブコーチ支援制度」

障がい者の雇用後、障がい者の職場適応を容易にするため、地域障害者職業センターから職場に専門家（ジョブコーチ）を派遣し、助言・支援するものである。これは農業分野に限らず、いろいろな産業分野での雇用についても派遣してもらうことができる。ジョブコーチは生活や作業面の指導も行うが、雇用側と障がい者の仲介役ともなり、第三者を介することで双方の意識共有を図りやすくすることができる。

関係機関

NPO法人 日本セルプセンター
〒160-0022　東京都新宿区新宿
1-13-1 大橋御苑駅ビル別館2階
TEL：03-3355-8877
FAX：03-3355-7666
E-mail：center@selpjapan.net

一般財団法人
都市農地活用支援センター
〒101-0032
東京都千代田区岩本町3-9-13号
岩本町寿共同ビル4階
TEL：03-5823-4830
FAX：03-5823-4831
E-mail：tosinouti@tosinouti.or.jp

一般社団法人 日本基金
〒601-0251　京都府京都市右京区京北周山町東丁田10-3
E-mail：info@nipponkikin.com
http://www.nipponkikin.com
http://noufuku.jp/

ほか

厚生労働省

障害保健福祉部 障害福祉課
ダイヤルイン：03-3595-2528
FAX：03-3591-8914

都道府県別普及指導センター

http://www.jadea.org/link/center.html

（一般社団法人 全国農業改良普及支援協会ホームページより検索）

独立行政法人 高齢・障害・求職者雇用支援機構「障害者の雇用支援」（JEED）

https://www.jeed.or.jp/disability/

農業分野に限らず障がい者雇用の雇用支援に関する相談窓口が設置され、また障害者雇用納付金の申告や助成金の受付や情報提供、イベント・セミナーの開催や調査研究に関する情報などを提供している。

6 農福商工連携を目指す

1 農福連携から農福商工連携へ

1 「福」の広がり――「自立支援を必要とする人々」――

二〇一五年度より農林水産省の交付金の「福」の対象に障がい者や高齢者だけでなく、生活困窮者が加わることになった。生活困窮者というのは、生活保護を受ける手前の人々のことである。二〇一五年四月より生活困窮者自立支援法が施行された。この法律はいわゆるセーフティネットであり、生活困窮者の社会復帰のための支援制度となっている。

つまり、農林水産省は地域のなかで十分な就労の機会に恵まれていない多くの人々を農福連携に組み入れようとしているのである。農林水産省にとっては農業の新しい役割、そして新たな担い手を生み出す可能性があるのだ。

また、こうした動きは「ソーシャルファーム」[*1]へ繋がる取り組みとして期待されるものである。これは欧州などにおいて広がりをみせる、社会的に弱い立場にある人々が（生活困窮者、元受刑者、障がい者、失業者など）、自分達の力で事業を行い、自立していく活動・事業をいう。

私は、最終的には「福祉」という言葉はなくなって欲しい。代わって「自立支援を必要とする人々」

というものに置き換えていってもらいたいと考えている。いつ、どこで、誰が障がい者になるか分からないし、障がい者でなくてもグレーゾーンの人もいる（基準が変われば私たちも障がい者となりうる）。また、失業して仕事のスキルが低いため働く場がない人もいる。さらに子育てや介護のために職を長期間離れてしまい、社会に戻ることが難しい女性、貧困の連鎖のなかで育って満足な仕事の機会が得られない家庭の子供、再犯を繰り返す受刑者（知能指数七〇を下回る受刑者〔障がい者としての認定は受けていないが知的障がいが疑われる者〕、発達障がいの受刑者、貧困の連鎖から出ることができない受刑者など）、特定疾患を抱える人々などである。あるいは日本に移住してきた言葉や風習の異なる外国の人々、その子供たち。

こうした生活や就労において「自立支援を必要とする人々」を対象とした制度を整備することによって、我が国の福祉制度を大きく転換させるきっかけにならないかと考える。

2「農」の広がり――水平・垂直方向へ――

そして農は、つぎの方向に発展していくことが重要となる。それは水平方向と垂直方向へである。かつては農業生産者のことを「百姓」と呼んでいた。これは差別的な用語として用いられたこともあったが、その意味はもっと深い。

かつての多くの農家というのは百の姓、つまり百の仕事[*2]を持っていた。私の祖父を思い出すと、野菜・米をつくり、ニワトリ・牛を飼い、桑生産や養蚕もし、竹で籠をつくり、草鞋を編み、炭をつくり、家具をつくるなど、その仕事内容は実に多彩であった。

つまり百姓というのは農林水産を行い、農商工を行っていたといえる。

水平方向というのは、一言でいえば林業、水産業、エネルギー産業などである。農を他の分野まで広げるということである。これからの「農」というのは食料生産分野だけでなく自然と直接関わるすべての産業である。

そして垂直方向というのは、いわゆる六次産業化である。一次産業×二次産業×三次産業、さらにそこから派生するものである。

現在でも農業だけで生活していくことは厳しい状況にある。そのため、さまざまな人々が自立していくためには六次産業化、つまり「農福商工連携」が不可欠となる。また農業だけでなく、林業、水産業、エネルギー産業などの取り組みも重要となる。

2 農福商工連携のススメ

1 より多くの売上げ

なぜ、農福商工連携が良いかというと、農産物の加工による高付加価値化、さらに販売や中・外食提供によって農業生産を行うだけより、多くの売上げをあげることができるためである。

2 多様な働く機会

そしてそこに商工が加わることによって、多様な就労機会が生まれ、多様な個性を持った人々が働くことができる。

人によって得意・不得意、好き・嫌いがある。たとえば、土や虫が嫌いな精神障がい者もいるし、接客が好きなダウン症の障がい者もいる。繰り返し同じ作業をすることが好きな人もいる。他の障がい者の作業管理を行うことができる軽度の知的障がい者もいる。

また高齢になって重労働は難しい者もいる。

多様な機会があれば、障がい者、高齢者、若者などさまざまな人々が関わることができるし、適性に応じて働くことができる。さらには同じ作業を一生行うのではなく、仕事をステップアップすることも可能となる。

3　新たな価値の創出

そして異業種分野が連携することで新たな商品やサービスを生み出すことができる。

それぞれの専門分野にも得意・不得意がある。またその分野のなかでの思考には、一定の限界がある。そこで多様な視点、多様なノウハウを持った分野が連携することによって、新たなコンセプトや商品やサービスを創出することが可能となるのである。

4　さまざまな地域主体間の連携

これらの取り組みを事業所内や農業生産者が自分のところで行うだけではなく、事業所や自分の事業を飛び越え、地域の商工中小企業、他の農林漁業者、学校、行政、ＮＰＯ法人、社会福祉法人などと連携すれば、それぞれの強みを活かすこともできる。弱みを支え合い、助け合うこともできるし、そして新たな価値を創造することができる。

たとえば事業所が生産した野菜を、プロのノウハウを持つ地元の食品製造業者に加工・販売してもらう。その反対に農家が生産した野菜を事業所が買い上げ、加工・販売していくというケースである。実際に農家の生産した規格外の野菜を小ロットであるが、事業所がOEM方式で加工しているという事例もある。また農家が生産したものを事業所が自主運営する直売所で販売するという事例もある。事業所が印刷機を持っている場合、パッケージも行っている。

そして農福商工連携は「事業所内型農福商工連携」と「地域型農福商工連携」に分けることができる。前者は事業所で農商工連携を行うもの、後者は地域のなかで農商工連携を行うものである。なかでもこれからは事業所にとっても地域にとっても「地域型農福商工連携」への取り組みが重要となる。

5 「福」による連携

実は農福商工連携は、地域のさまざまな主体を結びつけることが可能だ。福祉がその「接着剤」となるのだ。

近年、六次産業化や農福商工連携などが地域において取り組まれている。それらはカネという関係、あるいは地域活性化や地域で生活していくという強い想いがあって実現している。しかし、カネの関係はカネがなくなれば消え、人口減少や高齢化に歯止めがかからなければモチベーションの低下によって、取り組みは低迷する。

面白いことにここに障がい者らの福祉が加わると思わぬ連携ができやすい。それはなぜか。実は、カネだけの関係を結ぼうとすると、つまり「WIN - WINの関係」「Give and Takeの関係」だけで連携しようとすると、そのカネが見えないと連携ができない。しかし、実は前述したように家族に障がい者や障がい児を持つ親や兄弟などは意外に多く、家族は彼らの仕事や将来を考えると、不安な状況である。そして、通常は家族に障がい者や障がい児がいることを、公表しないことが多い。だが、ここで、カネではない、目で見えない、「福」の想いを連携させることができれば状況は変わる。それは障がい者（他者）への強い優しさという想いである。

「農福商工連携」には「WIN - WINの関係」ではなく、その根本に「HAPPY - HAPPYの関係」がある。つまり、人間同士の想いが連携をさせるのだ。連携の最初は事業採算に合わない、とても小さな取り組みかも知れない。だがそれで良いといえる。何事も本当は、小さなことからしか始まらないからである。小さいことを着実に積み上げ、そして利害を超えた関係をつくりあげることができたとき、そこに新しい商品や価値を生み出す可能性が出て来るのである。そして必ずそれを事業として成立させることが重要である。

だから、「農福商工連携」は最初は想いからスタートするといえる。そしてそれを事業化することができれば、新たな地域における事業や産業の創出にも結びつけることができるのである。つまり、さまざまな主体が「福」を通して連携していくということである。

6「五方良し」の事業へ

福祉は営利だけを追求するという考え方では継続しないし、一方でボランティアだけ（無償）で行うというのも難しい。単に売上げを上げ、経常利益率を高めることを目指すのではなく、福祉を継続するためには、事業を行うということでなければならない。そうでなければ継続した取り組みとならない。

事業として継続し、発展させて、関係する人々そして地域を良くしていくこと、つまり近江商人の売り手よし、買い手よし、世間よしという「三方良し」、さらにこれに未来（次世代）よし、自然よしを加えた「五方良し」の考え方に基づいて取り組むことが重要となる。

実はここに二〇世紀後半になって私たちが陥った「今だけ、ここだけ、自分だけ」という発想をブレイクスルーする考え方やしかけが潜んでいる。

障がい者や高齢者は年金を受け取る一方、地域のためにモノやサービスを提供し税金を支払うことができるのである。

7　多くの、新しい価値

前述の通り「福」も「農」もその範囲を広げている。「福」は、障がい者・要介護認定者・生活困窮者・その他の人々を足すと二、〇〇〇万人を超えるかも知れない。この人々に役割を持ってもらうことができれば大きな労働力となり、そして価値を生み出すこともできるであろう。

また「農」は水平と垂直に展開していくことで、新しい価値や産業を産み出すこともできるであろう。

つまり農福商工連携は、単に障がい者と農業の課題を解決するだけでなく、地域の課題を解決し、さらには地域を再生ひいては創生する可能性を秘めているといえる。

そして農福商工連携には六次産業という産業の側面だけでなく、観光、教育、芸術、スポーツ、医療、介護などの生活の側面も含まれるのである。

8　地域を創生する農福商工連携

ここに地域を支え、地域を創生する農福商工連携の役割がある。農福商工連携は一人一人の住み慣れた場所を支え、そして住民や地域をさらに幸せにしていくことを目指す。働く機会、役割を果たす機会をつくり、生活を支え、人々を幸せにするのである。

それを実現するための第一歩、あるいはきっかけが農福連携であり、農福商工連携である。

これまで非効率とされてきた福祉や農業が地域を支えるのである。さらには、ここから新たな時代の考え方やしかけを創造することができるのである。地域ごとの多様な形の農福連携、農商工連携が、多様な地域を再生そして創生するのだ。

9　農福商工連携の可能性

「農福商工連携」は単なる助け合いや支え合いの関係ではなく、縦割りを除き、かつ互いの持っている強みを活かすことができ、さらに新たな価値を創造することもできる。そして「福」がそのきっかけをつくり、「接着剤」となり、広がる「農」が新しい価値を生み出すことができるのである（「農生業」）。

地域では農家も零細な商工企業も、NPO法人も社会福祉法人も、学校法人も、行政も、みな困っている状況にある。そうしたなかで、それぞれがこれまで単独で頑張ってきたさまざまな取り組みを行ってきた。しかし、もう単独ではやりきれなくなってきている。だから地域にいる主体が連携することが、キズナをつくることが重要となっている。

①あるときは支え合い、助け合う、②さらにその先には地域課題を解決する、③そしてその先に

は地域を創生するということがある。

「農福商工連携」が目指すのは、五方良しの地域を再生し創ることである。

＊1　「ソーシャルファーム」はSocial Firmと書き、農業のFarmではなく、企業を意味する。これに近い言葉として、「ソーシャルエンタープライズ」「ソーシャルビジネス」「コミュニティビジネス」などがある。単に営利を目的とした企業や事業ではなく、社会的な課題に事業として取り組むものを示す。「ソーシャルファーム」は欧州では二万社を超えていると言われている。

＊2　姓は生まれて血縁で繋がる人々の意味であるが、ここでは百の仕事をする人々の意味を加えることとする。

おわりに

もし一人一人の人間が「いのち」の多様性を尊重し、大切にする気持ちを持つことができるなら、あっという間に私たちの社会、そして自然と一緒である地球も変わることができるであろう。そしてどんなマチにしたいのか、そんなことを意識することで、新たなマチ「里マチ」が出現するであろう。何万年も続く「里マチ」をつくり、「いのち」のバトンをこれからも繋いでいくのだ。

この本は、障がい者や農業の課題を解決するだけではなく、そこから学び、地域課題を解決し、さらには新たな地域を創生するために書いたものである。しかし、この本に書いてあることは、はじめに書いた通り案内である。皆さん一人一人が、この本を読んで行動するかしないのかを決め、あるいはもっとこうした方が良いのではないかということに想いを巡らせ、そして自分の意志を発信して、行動に繋げていくことを願うものである。

農福連携、農福商工連携、そして「里マチ」をつくる仲間になっていただけないであろうか。

最後に、季刊誌『コトノネ』取材編集の同誌掲載記事の転載を快諾くださった、株式会社はたらくよろこびデザイン室社長、里見喜久夫様と同編集部の皆様には格別の御礼を申し上げます。また資料を提供いただきました社会福祉法人白鳩会、調査に協力いただきました白石農園他の皆様、現場で様々な課題と向き合いながら取り組む皆様、そしてそれを支える多くの皆様に心より感謝申し上げます。

●著者紹介

濱田健司（はまだ・けんじ）

一九六九年生まれ。

東京農業大学大学院修了（博士［農業経済学］）。現在、一般社団法人ＪＡ共済総合研究所主席研究員。一般社団法人日本農福連携協会顧問（旧・全国農福連携推進協議会会長）。農林水産省農林水産政策研究所客員研究員。農福連携等応援コンソーシアム有識者、ノウフク・アワード二〇二〇審査委員、「農」の機能発揮支援アドバイザー。

農福連携に関する調査研究とそれを広めるための意識啓発、助言、講演、縁結びなどの活動・事業を行う。人間と自然の多様性、そして「農」の福祉力や自然農を含めた「農福＋α連携」に注目し、地域や人間関係まで包括した共生・共創の地域社会『里マチ』、モノ・サービスを提供する新しい「農」である『農生業（のうせいぎょう）』、あらゆる人々（売り手や買い手）・地域（世間）・自然・未来のためになる生き方・社会の在り方となる『五方良し』を提唱している。

農福連携《のうふくれんけい》の「里《さと》マチ」づくり

二〇一五年一二月二〇日　第一刷発行
二〇二一年　七月二〇日　第三刷

著者　濱田健司《はまだけんじ》
発行者　坪内文生
発行所　鹿島出版会
〒一〇四―〇〇二八
東京都中央区八重洲二―五―一四
電話　〇三―六二〇二―五二〇〇
振替　〇〇一六〇―二―一八〇八八三

印刷・製本　三美印刷
装丁　石田秀樹（milligraph）

ISBN 978-4-306-07321-0 C3036

URL: http://www.kajima-publishing.co.jp/
e-mail: info@kajima-publishing.co.jp

『庭をつくろう！』（ゲルダ・ミューラー作／ふしみみさを訳／あすなろ書房刊）より

『庭をつくろう！』（ゲルダ・ミューラー作／ふしみみさを訳／あすなろ書房刊）より